能源知识绘

——可再生一族——

中国电机工程学会　浙江省电力学会　组编

中国电力出版社
CHINA ELECTRIC POWER PRESS

图书在版编目(CIP)数据

能源知识绘. 可再生一族 / 中国电机工程学会, 浙江省电力学会组编. - 北京 : 中国电力出版社, 2019.9 (2022.9 重印)
ISBN 978-7-5198-3648-1

Ⅰ. ①能… Ⅱ. ①中… ②浙… Ⅲ. ①能源 - 普及读物 ②再生能源 - 普及读物 Ⅳ. ①TK01-49

中国版本图书馆CIP数据核字(2019)第185001号

策　　划　肖　兰　汪　敏
编　　著　汪　敏　刘大伟　严　浩　郭　亮　陈书贵　肖　兰
手　　绘　徐　力　张　晗　侯景书　林丹文　王梦瑶　汪　敏
图片监制　刘大伟
装帧设计　赵丽娟
排版制作　翟可君

出版发行　中国电力出版社
地　　址　北京市东城区北京站西街19 号 (邮政编码100005)
网　　址　http://www.cepp.sgcc.com.cn
责任编辑　曹　荣
责任校对　黄　蓓　郝军燕
装帧设计　北京锐新智慧文化传媒有限责任公司
责任印制　钱兴根

印　　刷　北京雅昌艺术印刷有限公司
版　　次　2019 年9月第一版
印　　次　2022 年9月北京第二次印刷
开　　本　889 毫米 × 1194 毫米　16 开本
印　　张　3.75
字　　数　100 千字
定　　价　45.00 元

给你一把钥匙

在大自然中，能量随处可见：炽热的太阳发出光能、热能，河流的落差带来动能、势能，涌动的洋流蕴藏海流能、潮汐能……能量让地球生机勃勃，不断孕育繁衍新生命。

人类社会发展到今天，能源的话题比以往任何时候都更加引人关注，究其根本是人类自我生存的自然环境受到了前所未有的挑战。如何高效清洁地开发利用能源，以满足人类不断发展的需要；如何在环境日趋恶化的现实面前找到可循环再生利用的绿色能源，这些都是人类面临的严峻课题。

迄今为止，人类依然离不开煤、石油、天然气这些便利、有效的化石能源，也在不断探索可再生的风能、水能、太阳能、地热能、生物质能……无论可再生能源还是不可再生能源，都可以转换成经济、实用、清洁且容易控制和转换的电能。

电能给人类带来光明，给社会带来动力。有了电能，声音可以高低转换，画面可以被分享至千里之外，飞架南北、横贯东西的电网可以将电能源源不断地输送到各个角落，让电动机车疾驰，让城市霓虹闪烁……如果说蒸汽机被视为引爆工业革命的火花，那么电能就是推进现代人类社会文明发展的强大引擎。

《能源知识绘》丛书共有6个分册，分别为《万家灯火》《大显身手》《电从哪里来》《传统能源》《可再生一族》和《各尽所能》。本书为《可再生一族 》分册，共包括5个知识单元，介绍了各种各样的可再生能源：给世间万物带来光明和热量的太阳能；在远古时代用于风帆和风车，如今被风轮机和风电场所利用的风能；海洋蕴藏的潮汐能、波浪能、洋流能、温差能和盐差能；热水、蒸汽、岩浆等地热能；农作物秸秆、藻类植物、粪便及沼气、厨余垃圾等生物质能。

今天的人类离不开能源，未来人类对能源的利用将不断发展。知识没有空间和时间的边界，好奇是求知的本能和动力。启发和陪伴读者领悟科学的真谛、感受技术发展的魅力是编写本书的初衷。亲爱的读者，如果你想探索能源的奥秘，打开未知世界的知识宝库，《能源知识绘》便是这样一把钥匙。

《能源知识绘》编委会

目录

太阳的光和热

茫茫宇宙中有一颗巨型球体，它炽热无比，光芒万丈，时刻向宇宙发射光和热。人类居住的地球距离这颗巨球约有1.5亿千米，巨球的光芒要耗费8分20秒的时间，穿越太空才能到达地球。这颗巨球就是太阳，来自太阳的能量是太阳能。

地球上各种形式的能源，无论是属于化石能源的煤炭、石油和天然气，还是属于可再生能源的水能、风能、地热能和海洋能，都直接或间接地来自太阳能。这些能源通过发电厂（站）转变为人们需要的电能提供给人类使用。事实上，地球每小时收到的太阳能要远远多于人类每年使用掉的能量总和，这样看来，人类利用太阳能还有足够广阔的前景。

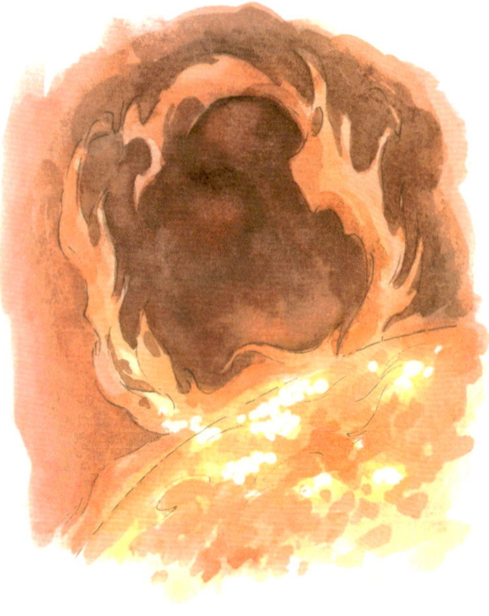

■ 太阳的耀斑现象

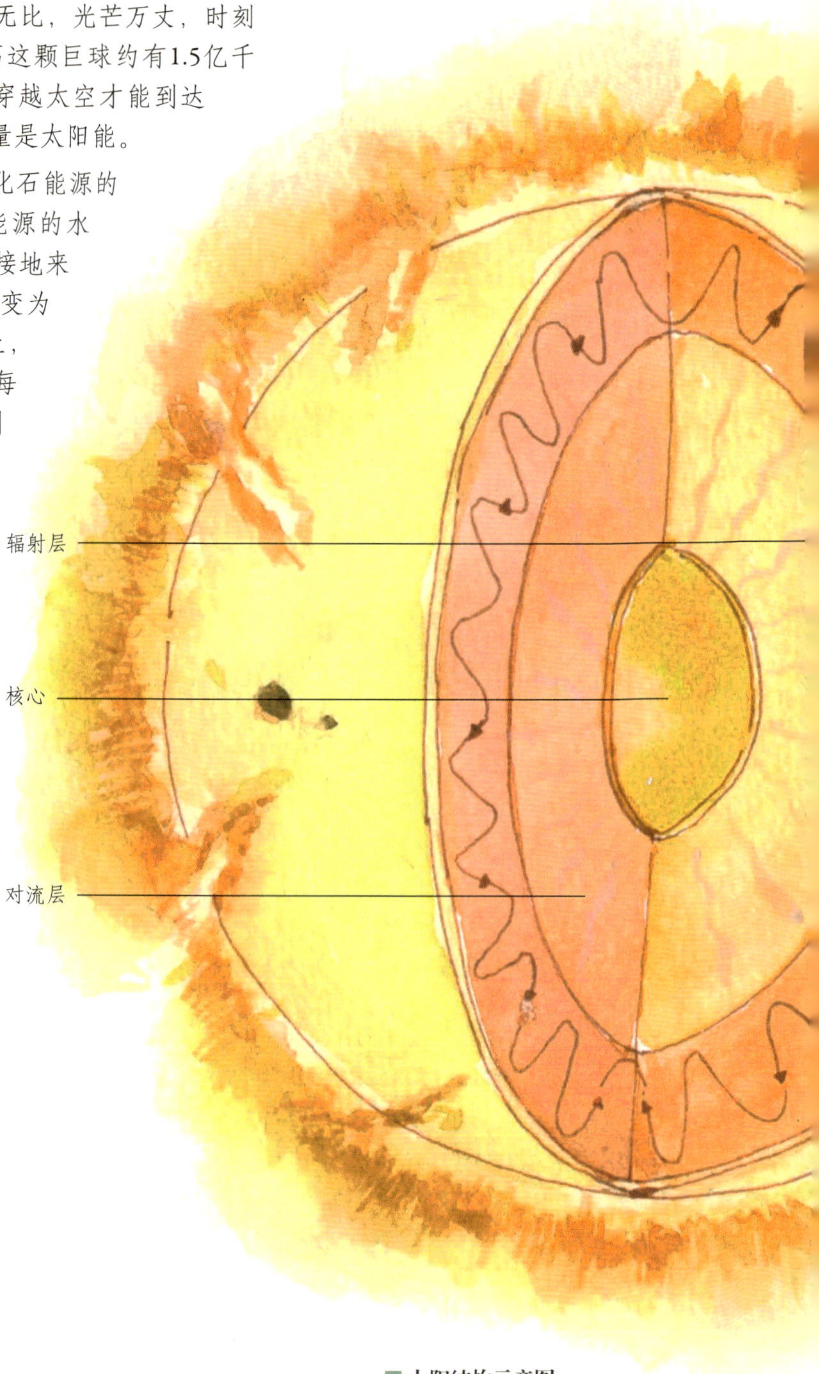

■ 太阳结构示意图

太阳的内部

太阳是地球上一切生命获取能量的首要来源。作为一个巨大而炽热的气体星球，太阳表面温度接近5500摄氏度，假如穿过69.6万千米的半径进入太阳核心区，温度会高达1570万摄氏度。在这个区域，高温导致原子剧烈运动，彼此撞击，光能、热能和其他形式能量穿过充满射线的辐射区和对流层，脱离太阳表面的光球层，向四周的太空发射。

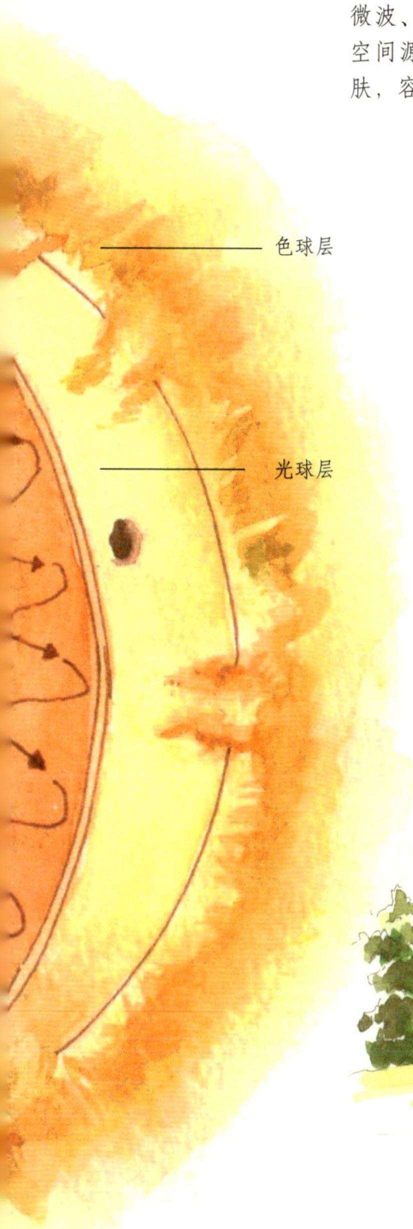

可见光和辐射

太阳能以太阳的热辐射能的形式穿过太空到达地球，人们能感知的是太阳的光和热，其中可见光由红、橙、黄、绿、蓝、靛、紫七色光组成。还有一些如无线电波、雷达波、微波、红外线、紫外线、X射线和γ射线等，人们无法直接感知。太阳及其他星球从外层空间源源不断地产生电磁辐射。紫外线能杀菌、消毒，但长期暴露在阳光照射下的人体皮肤，容易导致日光灼伤甚至皮肤癌。墨镜是阻挡紫外线辐射以保护眼睛的一种户外用品。

■阻挡野外强烈紫外线的墨镜

红外线

红外线是一种非可见光，它是波长介于微波与可见光之间的电磁波，人的肉眼看不见它，但能感受到它的热。太阳能的热量主要是通过红外线传送到地球上的。除了太阳和白炽灯以外，电熨斗、煮沸的热水和动物及人体的体温也都是红外辐射源。在不暴露自己的情况下，使用红外探测器探测目标（如野外的动物）可以在光学成像物镜上获得红外热像图。

■红外探测器屏幕中看到的动物红外热像图

采光和干燥

自古以来，人类日出而作、日落而息。这种有规律的生活和生产方式很大程度上是因为受到太阳照射的影响。太阳几乎是人类获取光明最古老、最自然的方式，人类建造住所总是要考虑怎样让阳光能够更多地进入房间。除了让空气流动，确保“采光”是房屋开设窗户的主要功能之一。人类很早就懂得利用太阳能的热辐射去晒干洗涤后的衣物，也知道在阳光下晾晒夏秋的谷物、保暖的被褥和腌制的食物。

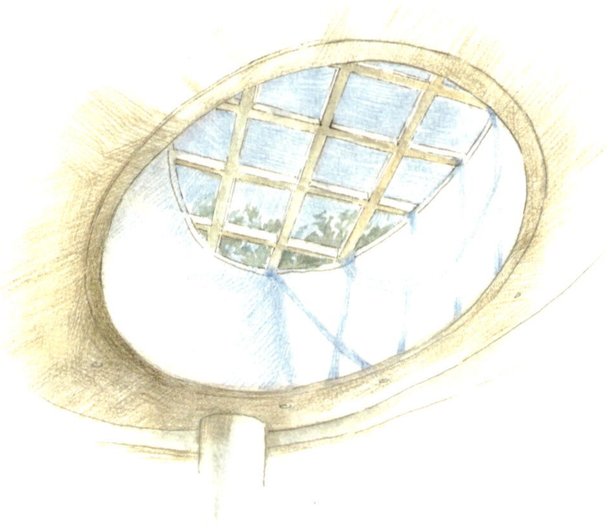

■ 用于采光的天窗

■ 冬天的户外阳光可以取暖

■ 太阳可以晒干衣服

取暖和加热

为了取暖，海豹、海狮、海象等海洋哺乳动物常常会带着它们的幼崽爬上岸边礁石上晒太阳。海龟也是因为沙滩日照充沛、温度适宜而爬到海边产卵。动物如此，人类也如此，冬季虽然寒冷，人们都乐意出门享受正午时分的阳光，这一切都是因为太阳能带来热量。科学家们测算出太阳每秒钟照射到地球上的能量相当于燃烧500万吨煤炭产生的热量，但太阳辐射到地球大气层的能量也仅仅是其总辐射能的22亿分之一。

■ 海边沙滩上破壳的小海龟

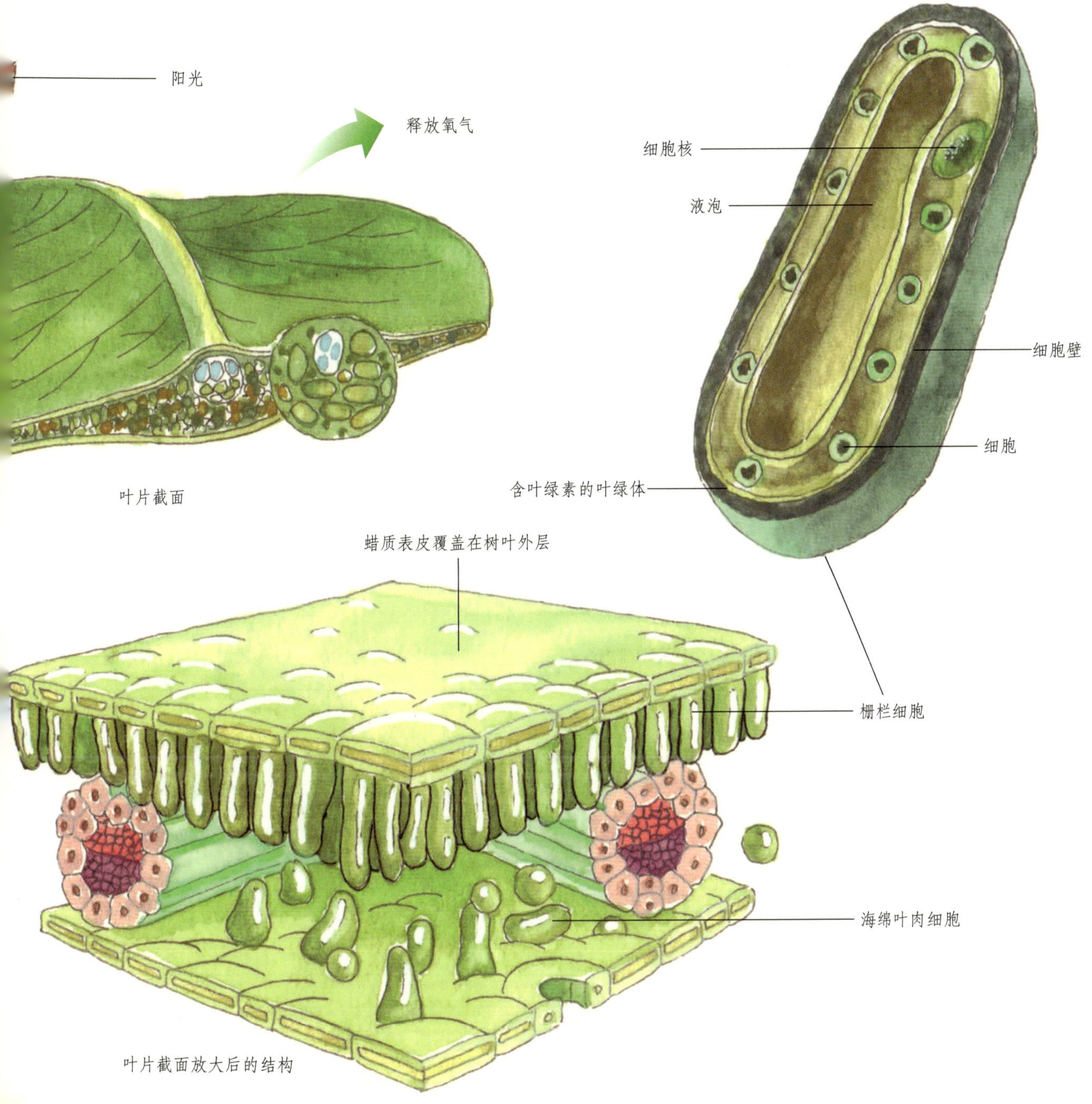

植物叶片结构及光合作用示意图

光合作用

太阳带给地球的一个奇迹是光合作用，即绿色植物、细菌和藻类在太阳光的照射下产生一系列化学反应，最终，植物吸收太阳能，把二氧化碳和水合成为能量丰富的有机物，同时向大气层释放氧气。光合作用是地球上最重要的化学反应，它把光能转变为化学能储存在有机物内。光合作用维持大气层中碳氧平衡，它使得绿色植物成为地球上一个巨大的能量转换站，源源不断地向动物和人类提供食物及能量。

海水淡化

海水淡化是利用海水脱盐生产淡水的过程。常用的有反渗透膜法及蒸馏法。全球海水淡化技术超过20种，其中利用太阳能淡化海水不仅历史悠久，而且取材方便、使用广泛。世界上最早利用太阳能淡化海水的海水蒸馏器诞生于1872年的智利。第二次世界大战中，美国海军制造了军用海水淡化急救装置供飞行员和船员落水后使用，那些装置实际上就是一种简易太阳能蒸馏容器。现代海水淡化技术有很多种，太阳能海水淡化技术因为不消耗常规能源、没有污染、所得淡水纯度高等优点受到人们的重视。

■ 太阳能海水淡化设备

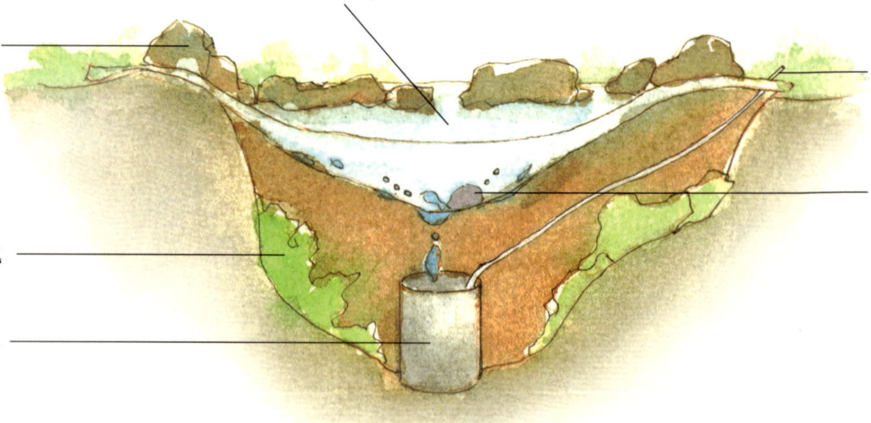

■ 早期智利简易海水蒸馏器示意图

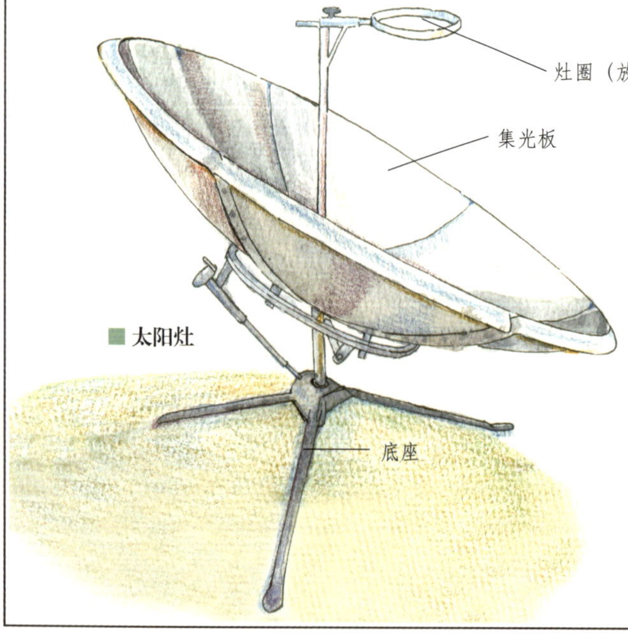

■ 太阳灶

烧水和煮饭

在地球大气层以上垂直于太阳光线的平面上，每秒每平方米能够收到上千焦耳的太阳辐射，即使穿过大气层，太阳的辐射能至少也能达到几百焦耳热量。太阳灶正是一种利用凹面镜能够聚光的特性，把分散的太阳辐射能聚集起来用来烧水或煮饭的装置，这种装置没有污染、不用燃料、制作简单、操作方便，特别适合日照充足的高原地区使用。

冷水变热水

太阳能利用和转换的主要方式有光—热、光—电、光—化学等三种。其中光—热转换技术最为成熟，产品包括太阳灶、太阳房、温室和太阳能热水器等。太阳能真空管式热水器就是利用真空集热管的集热镀膜吸收太阳光的热量，沿内管壁传递使管内水温升高，热水因为密度小由下向上流动，冷水自上而下流动，形成的这种自然循环促使水箱内水的热量温度逐步升高，用户就能用上太阳能热水了。

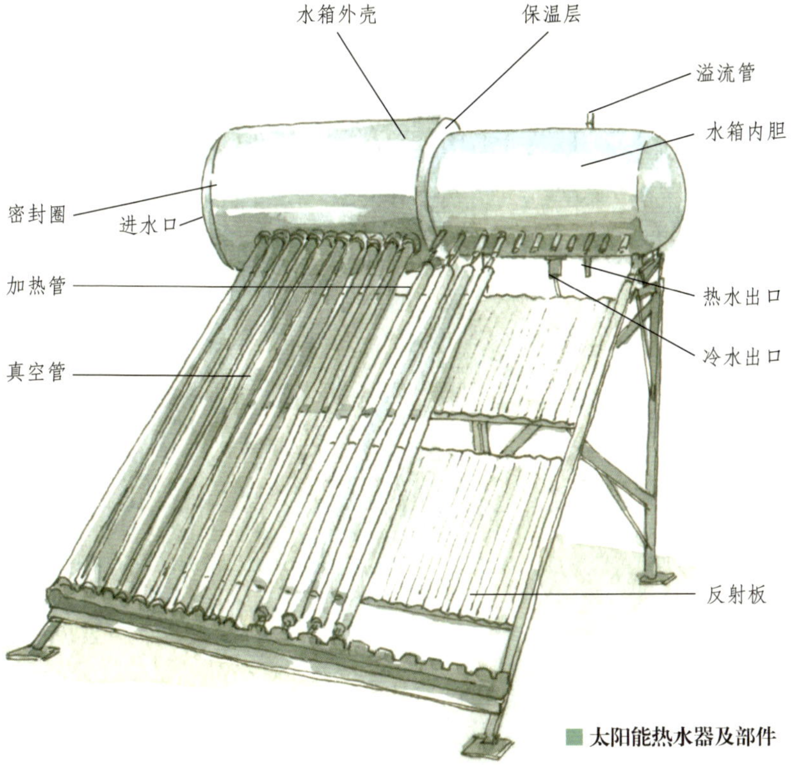

■ 太阳能热水器及部件

■ 住宅内太阳能热水系统示意图

光伏效应

法国物理学家贝克雷尔（A. E. Becquerel）在1839年发现，光照能够使得半导体材料的不同部位之间产生电位差。这一现象也被叫作“光生伏特效应”，简称光伏效应。当太阳光照在半导体P-N结上，形成新的空穴-电子对，在P-N结电场的作用下，空穴由N层流向P层，电子由P层流向N层，接通电路后就形成电流，这就是光电效应太阳能电池的工作原理。光伏效应实际上是光能量转化为电能量的过程。

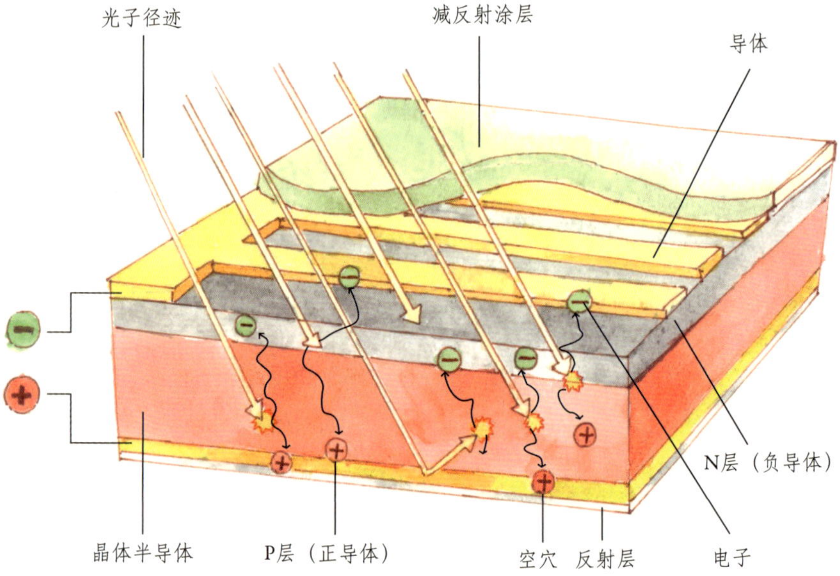

■ 光伏效应原理示意图

单晶硅和多晶硅

硅是一种化学元素，在自然界中分布很广，通常以石英砂和硅酸盐的形式出现。单晶硅是硅的单晶体，呈现基本完整的点阵结构，有金属光泽，能导电，但导电率不及金属，是一种优良的半导体材料。多晶硅是生产单晶硅的直接原料，也具有半导体性质。单晶硅和多晶硅是制作太阳能电池的原材料。1954年，美国贝尔实验室首次向公众展示了单晶硅太阳能电池发明成果，推动太阳能转换为电能的光伏发电技术从理论走向实用。

■ 多晶硅

■ 发明太阳能电池的三位科学家查宾（左）、富勒和皮尔松（右）

太阳能电池

太阳能电池也称太阳能芯片或者光电池，它是一种利用太阳光直接发电的光电半导体薄片。它的发电原理就是光伏效应，只要满足一定光照度的条件，利用芯片吸收0.4～1.1微米波长的太阳光，瞬间就可输出电压并且在有回路的情况下产生电流，这样就将光能转变成了电能。整排并列的太阳能电池可以组成太阳能电池板，成片的太阳能电池板可以再组成太阳能电池方阵。

■ 太阳能电池方阵

太空飞船的羽翼

太空飞船常常有像翅膀一样的羽翼，这种羽翼其实是太阳能电池帆板。和硅材料制作的普通太阳能电池不一样，太空飞船上主要使用砷化镓太阳能电池。这种电池的特点是面积小、质量轻、功率高、抗辐射能力强，它的转换效率可以达到30%。中国"神舟十一号"飞船就有4对羽翼共8块太阳能电池帆板。飞船还安装有储能电池，当飞船面对阳光时，太阳能帆板既为飞船供电也为电池充电，当飞船背对阳光时电池为飞船供电。

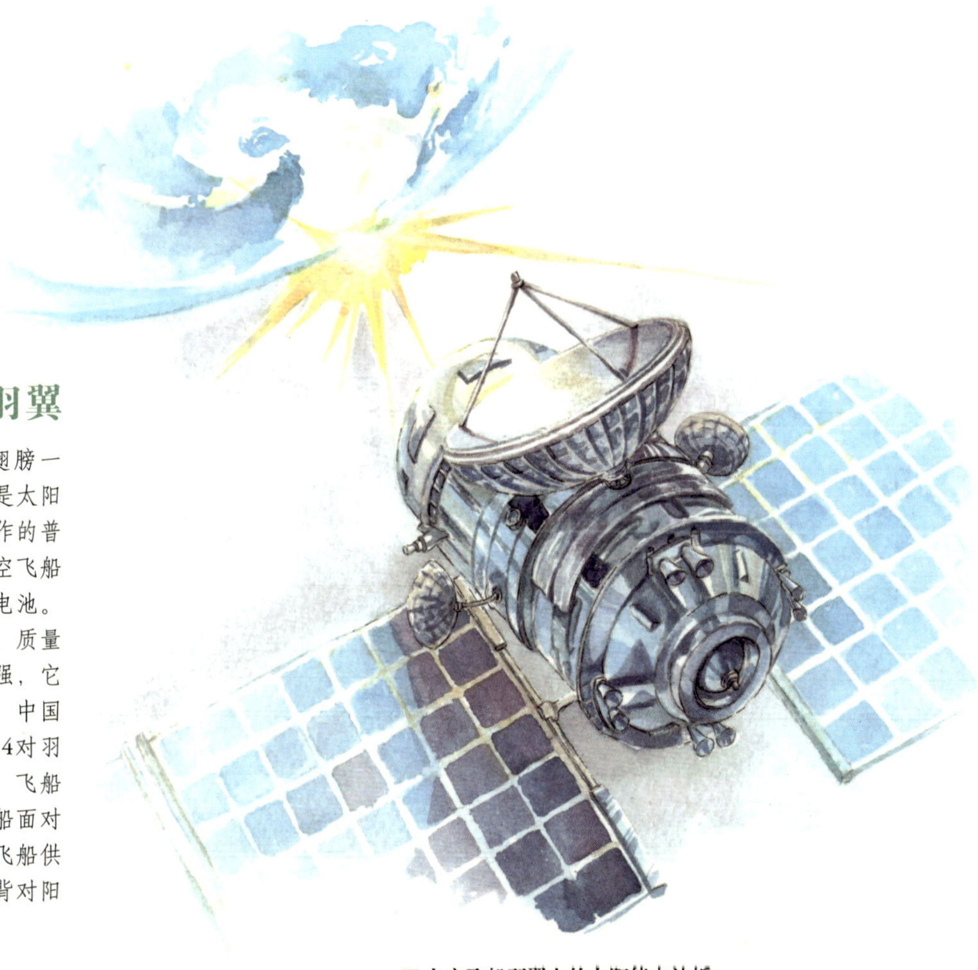

■ 太空飞船羽翼上的太阳能电池板

■ 位于山东德州的中国最大的太阳能产业聚集地——中国太阳谷

太阳能建筑物

人类很早就发现太阳辐射可以使室内温度提高。现代意义上的太阳能建筑物起始于20世纪20年代，有被动式和主动式两种：被动式通过建筑朝向、空间布置、形体处理、构造设计、材料选择等自然方式获取和储存太阳能；主动式通过集热、储热、散热、循环和控制等机械或电力等装置获取和储存太阳能。最新的技术是把太阳能装置与建筑一体化，通过太阳能装置向建筑物提供采暖、空调、热水、照明等所需能源。

■ 取代风力抽水的太阳能抽水装置

太阳能水泵

在世界各地，特别是在阳光丰富、缺少电力的边远地区，常常可以看到一些小型太阳能发电装置驱动机械做功，太阳能水泵就是其中一种。这种水泵成本低廉，运行可靠又环保，维护工作量也很低，当远离电网无法获得电力或传统风力使抽水泵难以提供有效动力时，这种依靠太阳能产生电力而工作的优势就显得愈加明显。

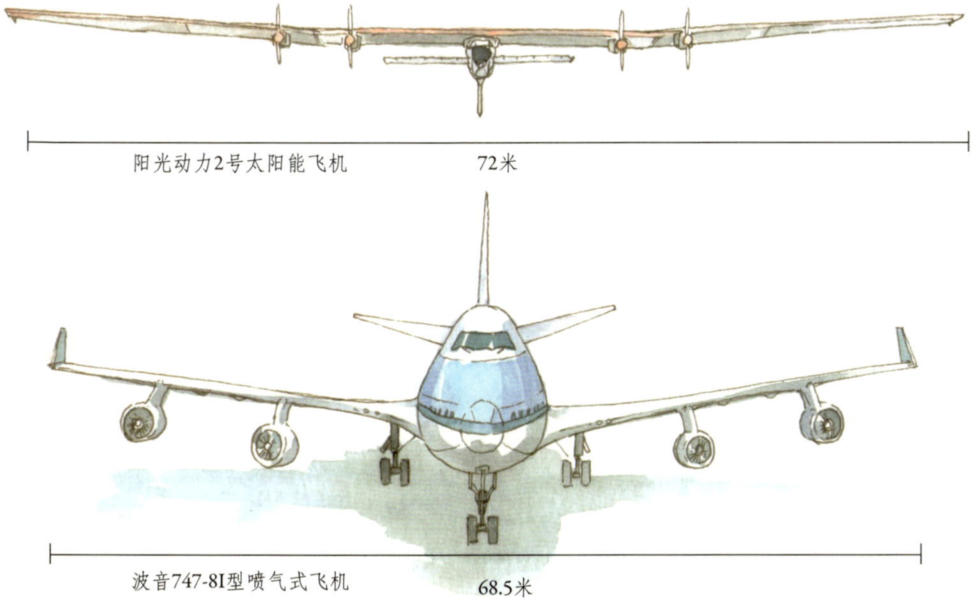

■ 太阳能飞机和喷气式飞机对比示意图

太阳能飞机

世界上第一架太阳能飞机是美国的“太阳高升号”（Sunrise I），它于1974年11月4日飞向天空，整个飞机一共使用了4096块太阳能电池。2015年3月9日，太阳能飞机“阳光动力2号”（Solar Impulse 2）从阿联酋首都阿布扎比机场起飞，开始一站接一站地往东飞行，直到2016年7月26日成功降落回该机场，完成了人类首次太阳能环球飞行，这架飞机使用了17248块太阳能电池板，双翼展开宽度为72米，质量约2300千克。

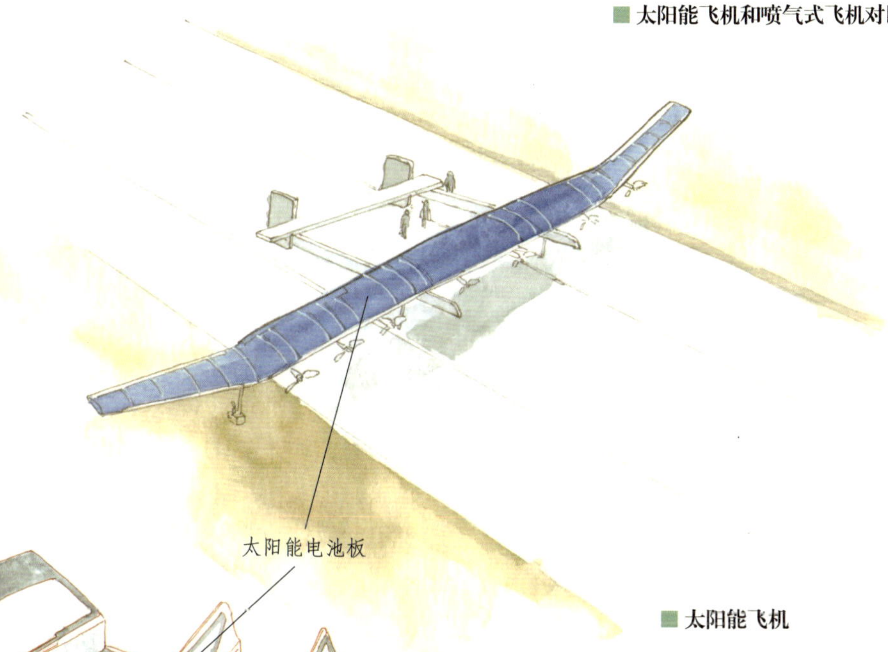

■ 太阳能飞机

■ 太阳能汽车

太阳能汽车

太阳能汽车是利用太阳能来驱动行驶的汽车，属于电动汽车的一种。电动汽车通常使用蓄电池，通过公共电网充电；而太阳能汽车使用太阳能电池，不使用汽油、柴油等化石燃料，真正实现了零排放。在应用技术上，太阳能可以完全替代传统以石油为动力的汽车用油，也可以作为汽车辅助设备能源，和其他燃料混合驱动汽车。

太阳能光伏发电

太阳能光伏发电是一种应用光伏效应提供可用能源的太阳能发电系统。系统包括吸收太阳能并转换成电能的电池板方阵、将直流电转换成交流电的逆变器、支架和电缆等其他附件，还可附带一个随时矫正太阳光照角度的太阳能跟踪系统和一套集成蓄电池组。除了大型光伏电站生产电能以外，太阳能光伏发电还可以应用于城镇路灯、交通信号灯、汽车充电装置、气象水文等野外基站、边远地区小型供电系统，甚至航天器或空间站等。

■ 宁夏中卫沙漠光伏电站

太阳能热发电

通过专门的设备收集太阳辐射能，把它转换成热能，再用动力机械将热能转换为机械能，驱动发电机发电，这就是太阳能热发电的工作原理。通过这种光－热－电的能量转换，利用热存储技术，可以实现稳定的电力输出和全天24小时连续发电。太阳能热发电主要有抛物面槽式、线性菲涅尔式、塔式、碟式和太阳能热气流发电。2007年启动、2012年建成的北京八达岭太阳能热发电站是中国首座塔式太阳能热发电站。

■ 北京八达岭太阳能热发电站

槽式系统

槽式系统是槽式抛物面反射镜太阳能热发电系统的简称，通常反射镜由玻璃、镜面铝板或镜面不锈钢板制造，背面镀银，再涂上保护层，安装在反光镜托架上，将入射的太阳光聚焦到焦点的一条线上，该条线上装有接收器的集热管。多个这样的集热管经过串并联排列，加热真空集热管里面的工质，产生高温蒸汽驱动汽轮机发电机组发电，再经过变压器转换成高压电输送到电网。

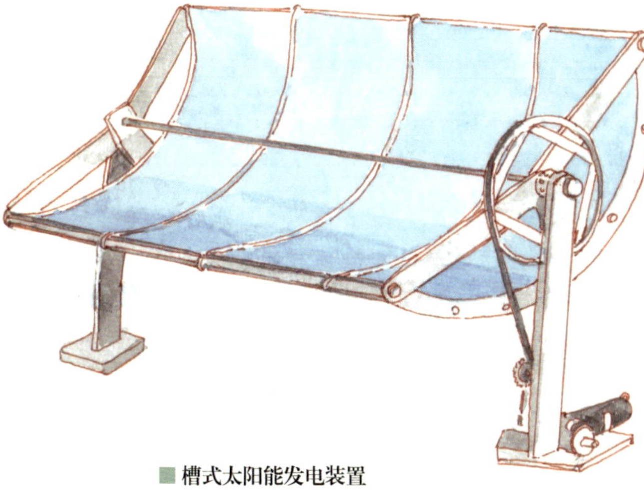

■ 槽式太阳能发电装置

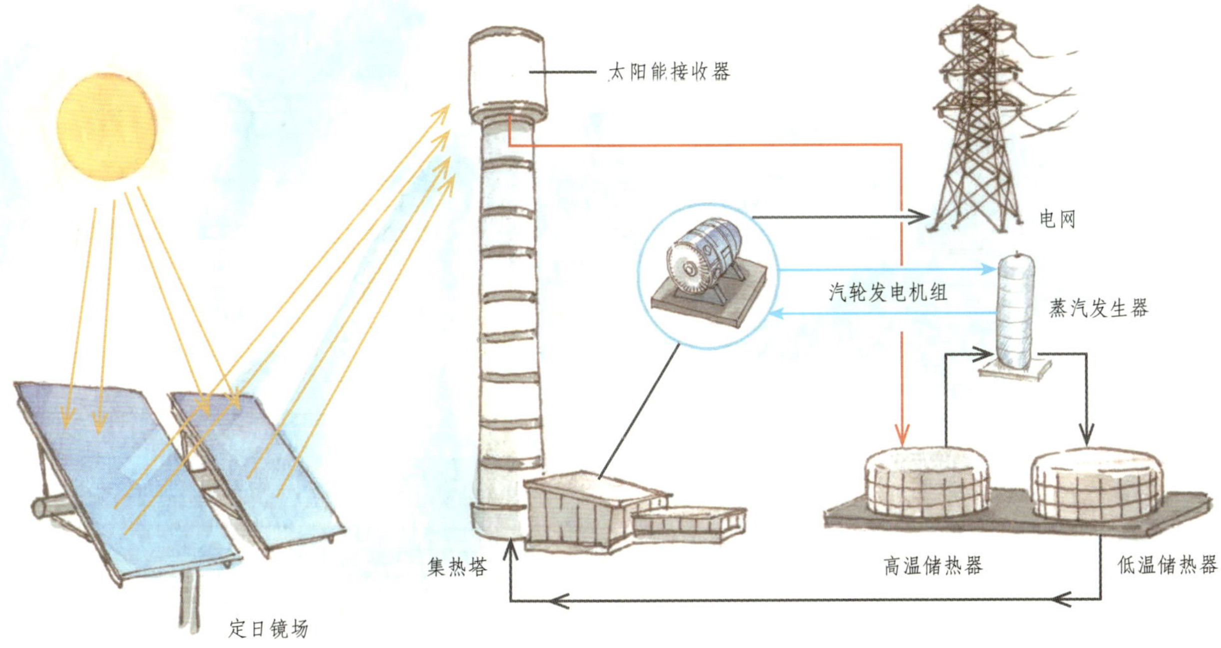

■ 塔式系统太阳能热发电原理示意图

塔式系统

塔式系统中装有多台配有跟踪系统的大型太阳能反射镜（也叫定日镜），每台反射镜各自将太阳光反射集中到同一个集热塔顶部的接收器上，形成反射镜阵列或定日镜场。塔式系统也叫集中式系统，它包括定日镜场、集热塔及接收器、储热系统、蒸汽发生器和汽轮发电机组。接收器上的聚光倍率甚至可能超过1000倍，它集中把吸收的太阳能转化成热能，再将热能传递给蒸汽发生器中的水，水沸腾后产生高压蒸汽驱动汽轮发电机组最终发电，输出电能到电网。

漂浮式光伏电站

除了可以建设在陆地上，光伏电站还可以设计为漂浮式，安装在水面上。与传统光伏电站相比，漂浮式光伏电站将光伏发电组件安装在水面漂浮体上，具有不占土地资源、减少水量蒸发等明显优势。2017年12月，全球最大的150兆瓦漂浮式光伏电站之一在中国安徽淮南正式并网发电。这座电站节能减排效果显著：相当于每年节约标准煤5.3万吨，减少二氧化碳排放约19.95万吨，减少森林砍伐约5.4万米^3。

■安徽淮南漂浮式光伏电站

千屋顶计划和光伏扶贫

德国光伏产业的推广始于1991年的“千屋顶计划”。为鼓励民众消费太阳能，德国政府向每户安装太阳能屋顶的家庭提供资金补贴。几年后，共有2000个并网型太阳能设备安装在住户屋顶上，到1998年，德国政府又再度提出并实施“十万屋顶计划”。

中国的“光伏扶贫”计划在2015年被列入“十大精准扶贫工程”之一。该计划内容为：为农户建立分布式微型太阳能电站，农民不但可以自用，还可将多余电量卖给国家。

■德国黑森林地区装有太阳能屋顶的村庄

伊万帕电站

伊万帕电站是一座大型太阳能热发电的电站，位于美国加利福尼亚州克拉克山莫哈韦沙漠，占地14.2平方千米。该电站于2014年竣工，拥有17.4万台太阳能反射镜，分布在3个集热区，每个区有个140米高的集热塔，该电站的总装机容量为39.2万千瓦。不同于屋顶安装光伏电池板吸收阳光产生电能，伊万帕电站利用反射镜将阳光反射到集热塔后加热塔内的水产生蒸汽，带动机组发电。

■ 空中鸟瞰伊万帕

太阳能热气流发电

太阳能热气流发电，以“烟囱”为中心，周围建起一片面积很大的集热玻璃棚。“烟囱”底部安装带旋转叶片的发电机。玻璃棚内的空气温度因接收太阳光而升高，由于棚内空气密度比棚外小，因此棚内热空气汇集到“烟囱”底部沿着垂直通道自然上升，形成上升气流，推动发电机的叶片旋转，带动发电机发电。棚外冷空气密度大，不断地从集热棚周边补充进来，就能形成连续气流循环了。烟囱下面的玻璃棚地面能够吸收并储存一部分太阳能，即使在没有太阳的晚上，通过地面持续的放热，仍可以维持系统连续发电。

■ 太阳能热气流发电的“烟囱”

风的力量

太阳除了给地球带来光和热，还带来了风。作为一种自然现象，风和地理、气象因素关系密切，影响人类生活的方方面面。风带来云彩和阵雨，也吹起了水面的波浪；风驱散空气中的潮湿，也刮来了漫天的沙尘；风可以改变气候，也能侵蚀山川大地；风吹散了蒲公英花，也把风筝带上了天。风的能量无穷无尽，它既能造福人类，也可能给生灵万物带来灾难。

水可以推浪，风可以助帆，风力是一种资源，自古以来，人类一直在开发利用这一强大的资源，风被用来驱动机械装置转动、鼓动船只破浪前行。如今，无污染的风能被用来带动风力发电机发电。

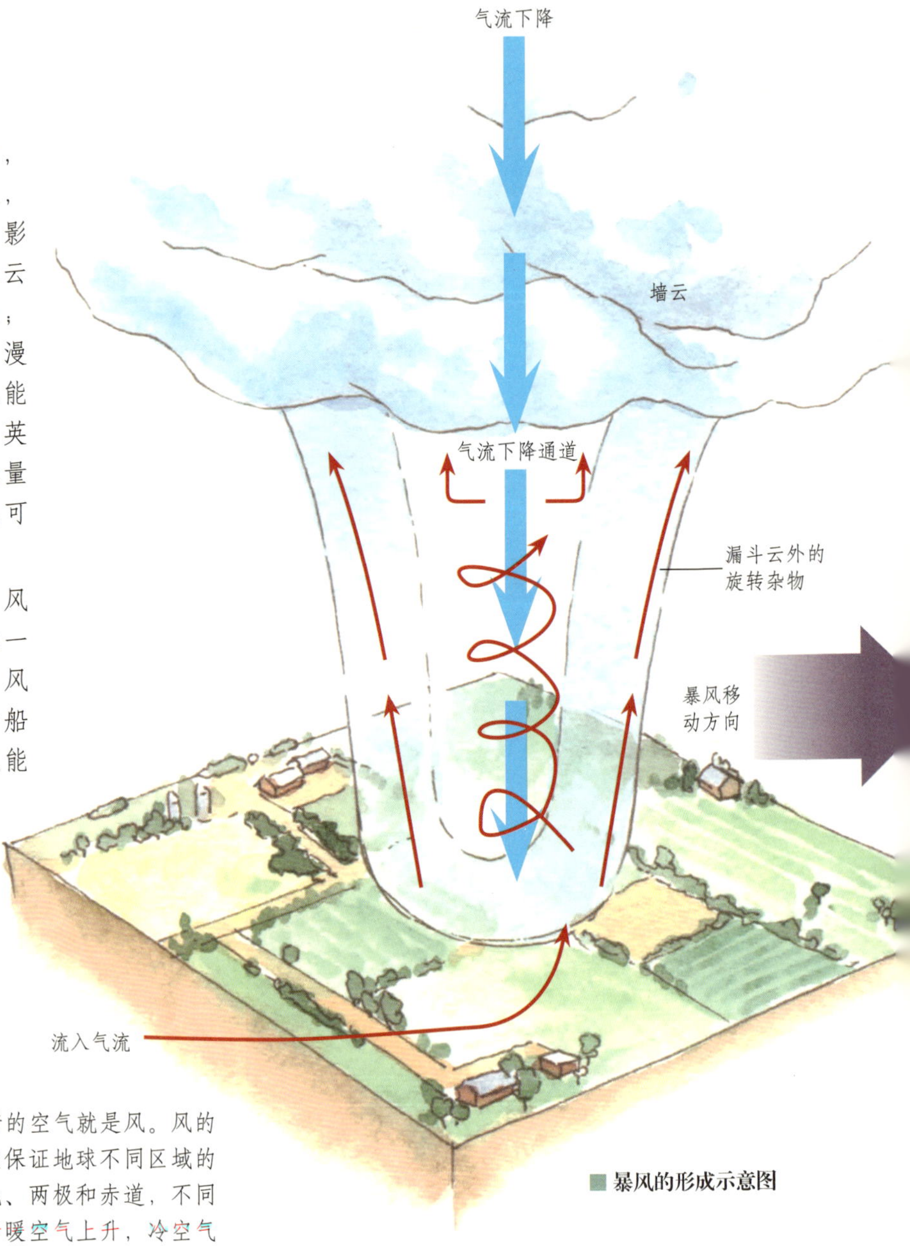

■ 暴风的形成示意图

风的形成

风是地球上的自然现象，运动着的空气就是风。风的能量来源于太阳的能量，但太阳不能保证地球不同区域的温度相同。山谷和平原、海洋和陆地、两极和赤道，不同地区之间冷暖温度的差异巨大。随着暖空气上升，冷空气就会移动，去填补暖空气留下的位置，这种空气的移动就形成了风。任何物体因运动而具有的能量叫动能，移动的空气也具有能量，这种能量就叫风能。

风力的级别

风有微风，也有狂风，风的不同强度是由不同等级来界定的。国际通用的风力等级是由英国海军军官蒲福（Francis Beaufort）在1805年拟定的，称为蒲福风级。蒲福用0～12共13个级别的数值来表示风的大小，比如3级是微风，6级是强风，12级是飓风。1946年以后，随着测风仪器的应用及发展，自然界风力的测量大大超出了12级，风力等级又从13个增加到18个，其中13～17级定义为台风。

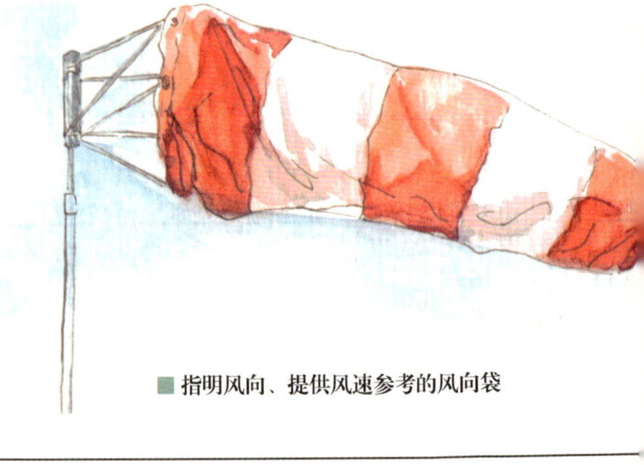

■ 指明风向、提供风速参考的风向袋

风蚀现象

■ 雅丹地貌是一种风蚀的结果

风力对地表岩土的破坏，导致地表物质被侵蚀、磨蚀以及带走的过程和现象就是风蚀。风蚀作用包括吹蚀和磨蚀两种：沙被风吹走，导致地表物质会遭受破坏属于吹蚀；因为沙砾在风的作用下冲击和摩擦地面物质而受损属于磨蚀。风蚀主要发生在干旱、半干旱气候区和遭受周期性干旱的湿润地区。中国风蚀地貌主要分布区在青海柴达木，以及新疆和田、罗布泊、哈密、吐鲁番和克拉玛依等地区。

季风

季风是在大陆和海洋之间，大范围的、随风向有规律改变的风，海陆分布、大气环流和大陆地形是造成季风的主要原因。世界上的重要季风系统包括有西非季风和亚澳季风，季风以年为周期，冬夏季盛行，但风向完全相反，夏季的季风由冷洋面吹向暖大陆，湿润的海洋空气上升成云，带来雨季。冬季季风由冷大陆吹向暖洋面，下沉四散，空气干燥，形成旱季。

■ 夏季季风

波斯风车

风车是以风力作为动力的一种机械装置，早在2000多年前，巴比伦、波斯和中国等古国就利用风车来提水灌溉、碾磨谷物。在最早的文献记载里有关于波斯风车的内容，这是一种垂直型风车：用砖土砌成高塔般的建筑物，壁上前后有两个通风口，建筑物中央立有一根竖直型转轴，轴上装有用芦苇编织的风叶，风从一个通风口吹进来，风能推动叶片旋转，再从另一个通风口吹出去。

■ 波斯垂直型风车结构

航海风帆

除了风车，古人利用风能的另一大发明是风帆，帆船是将风能用于交通的最早工具之一。海洋上的风往往多于陆地，古代的探险家们驾驶着帆船出海远航，巨大的布帆捕集流动的空气推动船体破浪前行。有关航海帆船最早的描绘始见于科威特发掘的彩绘陶盘，帆船作为一种古老的水上交通工具已有数千年历史。到15世纪末至16世纪初的大航海时代，各种类型和用途的帆船已经遍布在全球的海洋上。

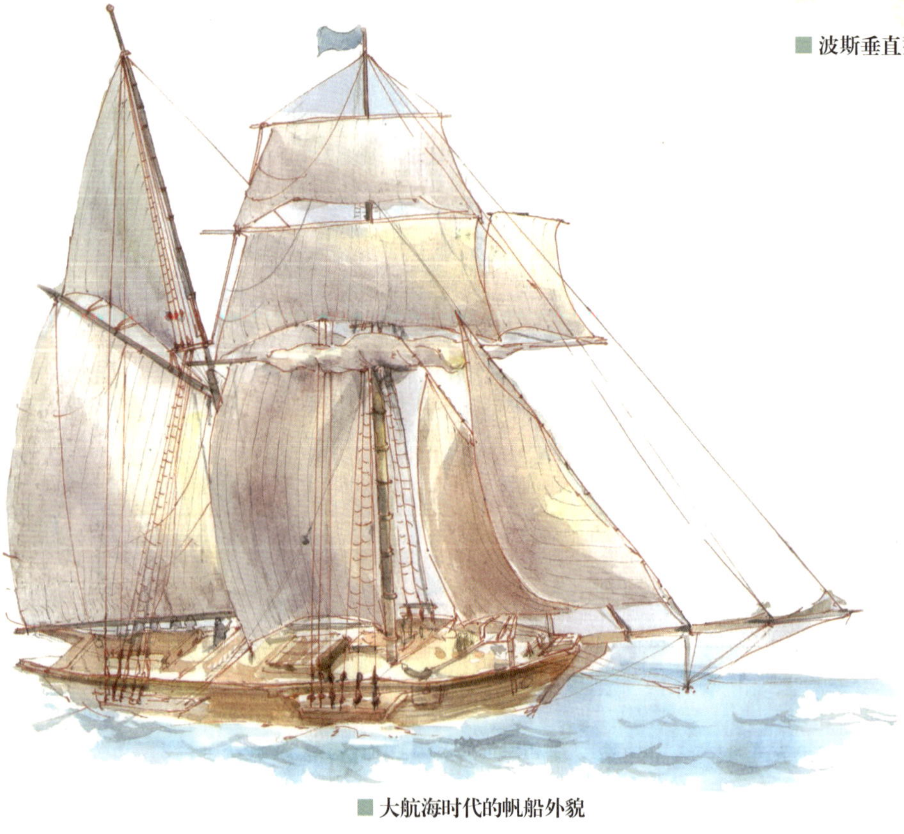

■ 大航海时代的帆船外貌

荷兰风车

荷兰濒临大西洋，其气候属于典型的海洋性气候。这里一年四季海风盛行，近四分之一国土面积的海拔高度低于海平面。缺乏动力资源的荷兰很早就学会利用风力。1229年，荷兰人发明了世界上第一座为居民提供动力的风车，并在之后大规模的围海造陆工程中发挥了巨大作用。到18世纪末，全荷兰的风车约有12000座，在碾磨谷物、粗盐、烟叶和油籽，辊压毛呢、毛毡和纸张等方面，特别是在排除低处沼泽地的积水方面发挥了巨大作用。

■ 荷兰风车的外貌

风力水泵

风力水泵是一种将风力转化成机械动力，将水从低处抽送到高处的装置。早在9世纪，这种提取地下水的风力水泵出现在今天的阿富汗、伊朗和巴基斯坦地区，后来又传到了印度和中国。早期欧洲的移民同样给北美新大陆带去了制造风力水泵的技术，至今北美大平原上，仍然有许多农场和牧场使用这种传统水泵。这些水泵从水井为牲口提取饮水，有些水泵与水井已经成为家用供水系统中自给自足的一部分。

■ 用于牧场水槽的风力水泵

■ 用于农场的风力水泵

早期的风力发电试验

世界上最早的风力发电机是一台安装了蓄电池充电的装置。它是苏格兰学者布利斯（Blyth）于1887年7月为他自己的度假小屋安装的。几个月之后，远在美国俄亥俄州的工程师和发明家布拉什（Brush）在获得俄亥俄州克利夫兰市发电厂评审通过的设计蓝图之后，制造出了第一台自动运行的涡轮式风力发电机。

1887年美国工程师布拉什制造的涡轮式风力发电机

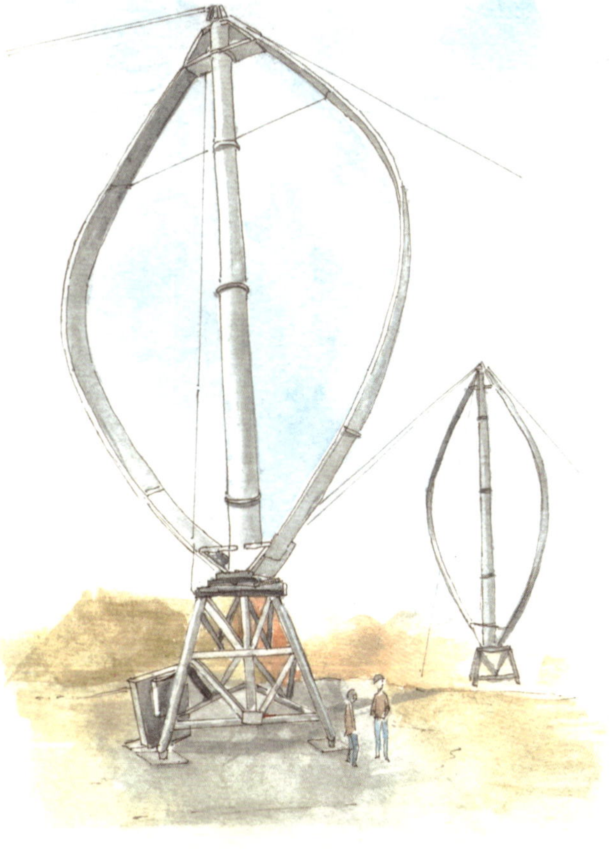

1931年法国工程师达里厄发明的风力发电机，后来叶片由H形改变成S形

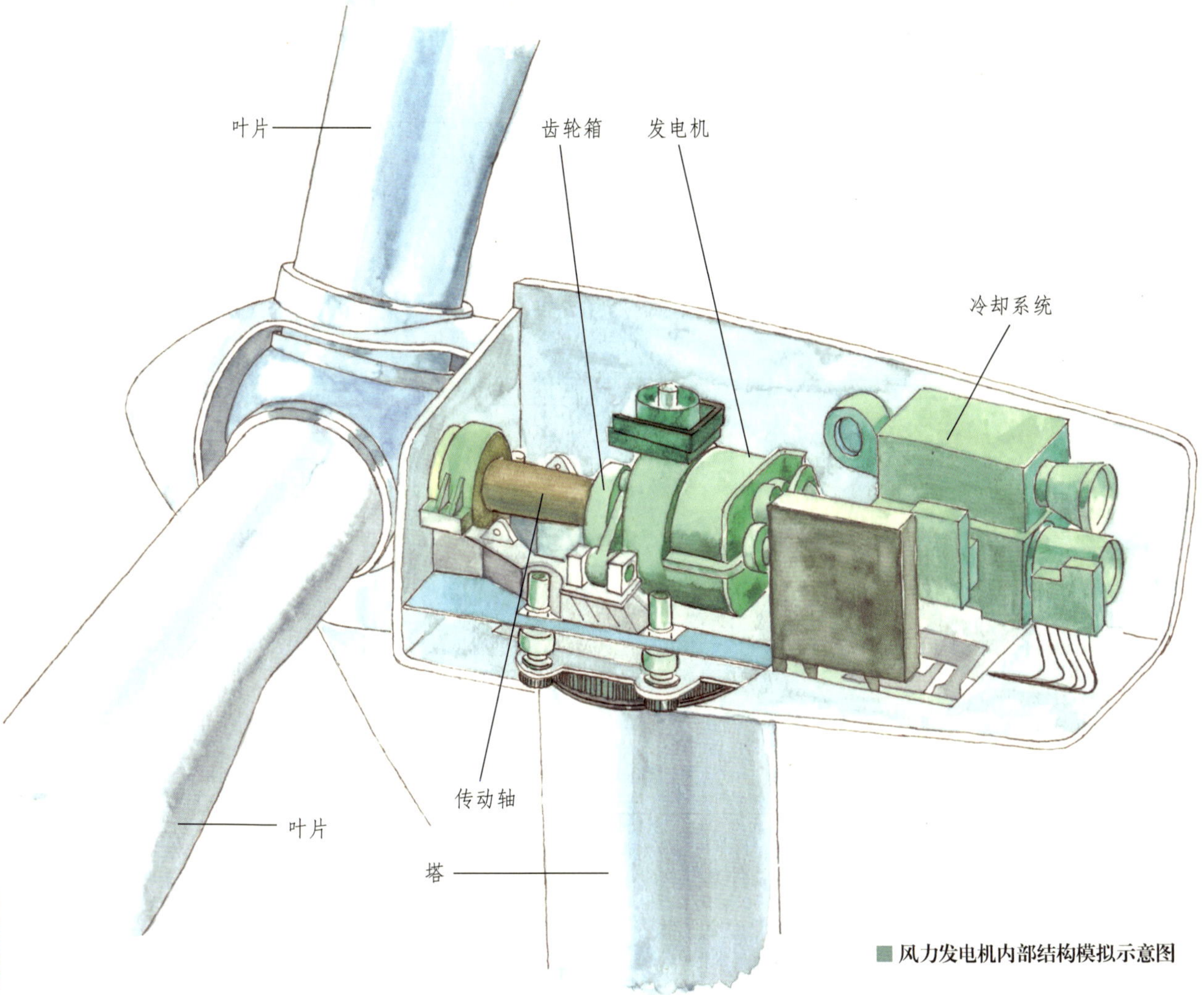

■ 风力发电机内部结构模拟示意图

风力发电机

风力发电机是一种把风能转变为电能的发电设备，也叫风轮机。最常见的水平轴塔式风力发电机安装在一根垂直竖立的塔架（支柱）顶端，风力发电机的转动轴与支柱垂直，与地面平行。风力发电机顶部装有轮毂和三支叶片（旋翼），风力推动旋翼在一个水平轴上旋转，最终带动发电机发电。在流线型的机罩中，除安装有发电机外，还有齿轮箱、传动轴、冷却系统等。

飘浮式风力发电机

2014年3月，美国阿拉斯加高空飘浮起一个巨型的风力发电机。这个风力发电机长10米，看上去更像是一个圆形充气飞艇，里面装有一台发电机。高空处有比地面更强大也更稳定的风力，风力驱动发电机源源不断地产生电能，再通过电缆传递到地面。上空的高速风力使得这种风力发电机的发电量比地面风力发电机的发电量高出一倍。

■ 飘浮式风力发电机

风力发电机的类型

根据传动轴方向的不同，风力发电机有水平轴风力发电机（HAWT）和垂直轴风力发电机（VAWT）等形式。达里厄型风力发电机也属于垂直轴的一种，它由法国发明家达里厄（G. Darrieus）设计。相对于水平轴风力发电机来说，垂直轴风力发电机的塔架设计较简单，发电机和变速箱可以安装在地面，方便了检查和维修。无论任何风向的风吹来，都可以使叶片迅速运转起来。

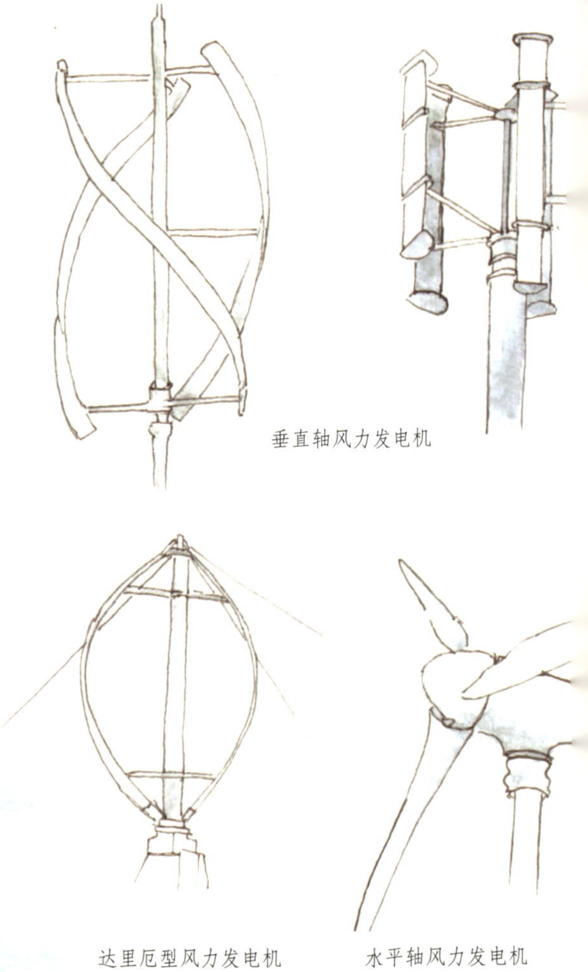

■ 风力发电机的几种外形

■ 风力发电机吊装现场

风力发电机的安装

首先进行塔架安装，根据塔架高度分段从底部往顶部吊装。然后吊装机罩（机舱）。接着在空间足够大的地面，将三支叶片安装到风力发电机的轮毂上。最后用吊车将带叶片的轮毂转换成垂直方向，再上升到塔顶，与机舱的风轮轴对接紧固。大型风场通常设置在偏远地区甚至于海上，除了需要在当地成立组装厂外，使用直升机可以减轻运送和现场安装方面的难度。

风电场

风力发电系统可以独立运行，为一户或几户供电。也可以将风力发电机和柴油发电机组合在一起，为一座大型建筑物或一个村庄供应电力。这种系统带有蓄电池，保证无风时不会断电。一个大型风力发电站可能占地数百平方千米，由上百个独立的风力发电机组成。这种发电站也叫风电场，又分有陆地风电场和海上风电场。赛罕坝风电场是中国首个百万千瓦级风电基地，每年向东北和冀北地区输入超过30亿千瓦·时的电量。

■ 绵延不断的风力发电机组成的风电场

风能的储存

■ 用于储能的全钒液流电池

如何把风能储存起来是各国科学家面临的一个课题。将电能存储在电池里是常见的蓄能方式，其原理是先把风能转换为电能，再转换为化学能。越来越多的新型电池，如锂电池、液流电池被用来储存电能，超级电容器、超导和飞轮储能等技术也已进入实用阶段，有科学家提出了压缩空气储能的设想：利用风力将空气压缩，然后储存在深海的海底。

酒泉风电基地

位于甘肃省酒泉市西南戈壁滩上的酒泉风电基地，是于2008年开始建设的中国第一个千万千瓦级风电基地项目。这个基地的风能开发主要集中在玉门、瓜州、马鬃山三个区域内，三个区域距离甘肃兰州负荷中心的平均距离约为1000千米，年平均风速达到5.0～6.5米/秒。甘肃省是中国风能资源比较丰富的省区之一，风能总储量居全国第五位，风能资源的理论储量为2.37亿兆瓦。

酒泉风电基地2015年前投产12710兆瓦的风电项目，2020年增加到20000兆瓦。装机规模巨大是它的基本特点，也因此拥有“风电三峡”的响亮名字。

■ 甘肃酒泉千万千瓦级风电基地

■ 酒泉风电基地位于甘肃省酒泉市西南戈壁滩上

■ 伦敦矩阵的海面

伦敦矩阵

作为海岛国家，英国沿岸拥有丰富的风能资源，具有商业开发价值的风能总量高达4800万千瓦。位于英国泰晤士河口肯特郡海岸线的伦敦矩阵（London Array），是一个拥有175台风机、装机容量达630兆瓦的巨型海上风力发电场。这座2013年建成的风电场，在2018年9月被位于坎布里亚瓦尼岛海岸外的爱尔兰海上风电场所超越，后者装机容量达659兆瓦，可满足将近60万户英国家庭的用电需求。

■ 风光互补电站

风光互补系统

风光互补系统是由风力发电机组和太阳能电池方阵这两种设备共同发电的系统，包括智能控制器、蓄电池组、多功能逆变器、电缆及辅助设施。这一系统将两种电能都存储到蓄电池组中，当用户需要用电时，逆变器先将蓄电池组中的直流电转变为交流电，再通过输电线路传输给用户。白天或晴天由太阳能发电，夜间或阴雨天由风能发电，既有太阳又有风的情况下两组设备同时发电，从而保证了全天候发电。中国新疆哈密、山东枣庄、甘肃玉门，青海等地都有较大规模的风光互补电站。

海洋的奥秘

经科学家们测定，海洋占地球表面积的71%，海水占地球上总水量97%，而人类探索过的海底少之又少。海洋这么一大片水体，靠近岸边的部分叫海，面积约占水体的11%；水体的中心部分叫洋，面积约占水体的89%。海洋不但是贯通世界的交通命脉和生物质资源宝库，也是巨大的能源储备基地。

地球上有太平洋、大西洋、印度洋、北冰洋四大洋，最深的海沟在太平洋，已知最大深度11033米。海洋不但养育着无数的生命，也酝酿和奉献着无尽的运动。季风、地球的自转、日月引力、岛屿与海岸地形、不同水层的温度、咸水和淡水之间的含盐浓度等，给海洋带来了波浪、潮汐、洋流、温差和盐差，这些被海洋蕴藏着的巨大能量，往复循环再生，取之不尽，用之不竭。

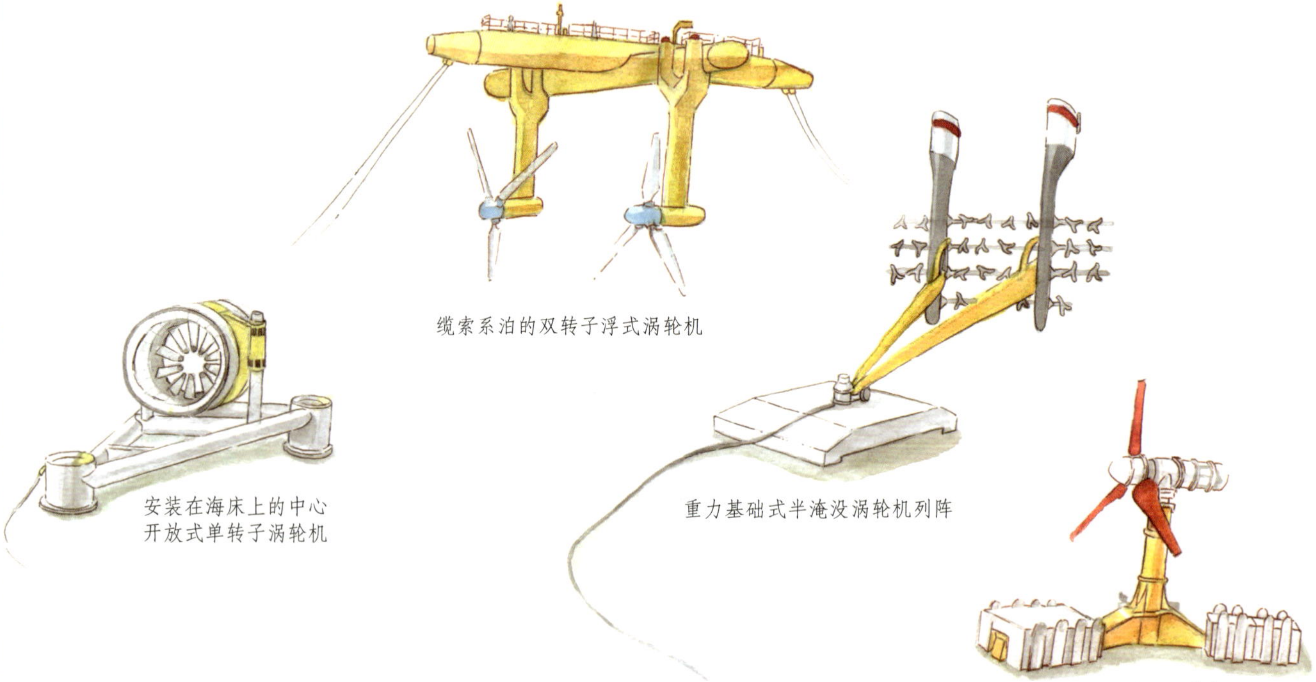

■ **几种不同的海洋能发电试验装置**

探索无止境

世界上第一座大型潮汐电站是法国于1966年建在英吉利海峡沿岸的朗斯潮汐电站，年发电量5亿千瓦·时。追溯起来，在朗斯河上修建一个潮汐电站的想法开始于1921年，而最早一份研究报告1943年才出炉，1943～1961年，法国对不同站址的可行性进行了考察和研究，于1961年开工建设。多年来，各种各样的海洋能发电装置被安放在海洋里进行测试，人类对海洋的能源利用和开发探索一直没有停止。

能源宝藏

波浪能、潮汐能、洋流能、海洋温差能和海洋盐差能，是科学家们到现在为止已经发现的，可以被利用的几种海洋能源，它们有些已投入使用，有些还在试验阶段。据估计，全球海浪发电的理论蕴藏量接近3万太瓦·时/年，潮汐发电的理论蕴藏量超过7000太瓦·时/年，海洋热发电转换的理论蕴藏量超过4万太瓦·时/年。这些蕴藏在大海里的可再生能源，是海洋奉献给人类的一笔巨大的能源宝藏。

■ 海岸、海面和海底

潮汐不息

在海边的沙滩上，一天中的某个时刻，海水会迅猛上涨，逐渐达到高潮，一段时间过后，海水又会自行退下，沙滩裸露出来恢复低潮。这种循环重复、永不停息的现象就叫“潮汐”。导致海洋产生潮汐的原因很多，最主要的是月球和太阳引力。一些海岸线每天会经历两次高潮和低潮，另外一些地方只会经历一次。潮汐这一大自然的现象，不仅对航海、渔业和盐业有影响，还可以用来发电。

■ 海岸的潮汐

潮汐发电

潮汐发电的原理和水力发电相仿，先在海湾或者有潮汐现象的河口建立一个拦水堤坝，形成一个水库。再在堤坝旁修建闸门和厂房，安装水轮发电机组。当涨潮时把海水以势能的形式储存在水库里，当落潮时放出海水，利用高潮和低潮之间的落差，将海水的势能转换成动能，水流冲击推动水轮机旋转带动发电机发电。与河水发电不同的是，潮汐发电的落差不大，有明显的周期性间隔。

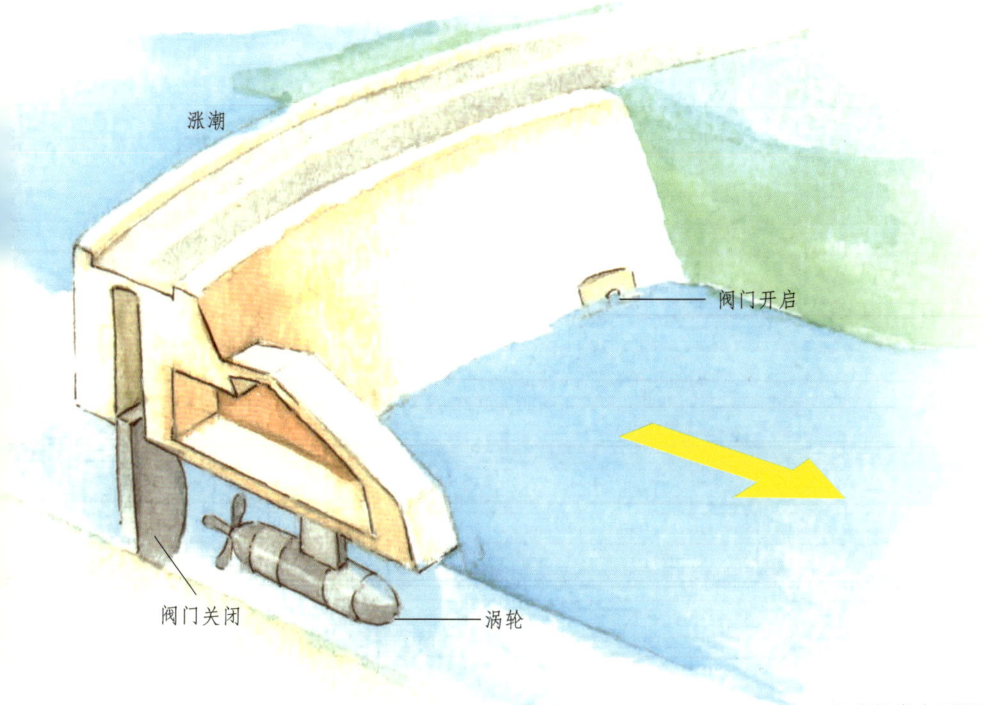

■ 潮汐发电原理示意图

江厦潮汐电站

江厦潮汐电站位于浙江省温岭市乐清湾北端的江厦港，于1980年5月投产发电，是中国第一座双向潮汐电站，也是迄今为止世界上第四大潮汐发电站。乐清湾是一个带有潮流通道的半封闭海港，东西方向宽15千米，南北长47千米，平均潮差5.08米，最大潮差可达8.39米。从1980年到1986年，江厦潮汐电站共安装了5台机组，装机容量3200千瓦，年发电量650万千瓦·时。

■温岭江厦潮汐电站

朗斯潮汐电站

法国朗斯（Rance）潮汐电站采用双向抽水、双向泄水、双向发电模式，电站上游20千米处有一个水库，库容为1.84亿米^3，是一个单库双向电站。朗斯河口的平均潮汐高差是8米，最高达13.5米。河面宽700米，电站长750米，安装了24台1万千瓦的发电机组，总装机容量24万千瓦，年发电量约5亿千瓦·时。电站成为法国工业旅游的一大景点，每年大约有1.8万艘船只通过大坝船闸，每天有近3.2万辆汽车驶过坝上公路。

■法国朗斯潮汐电站

梅伊潮汐电站

位于苏格兰彭特兰海湾梅伊城堡附近的梅伊（MeyGen）潮汐电站，湾区的水流速度高达每秒5米，非常适合潮汐发电模式。电站敷设4条海底电缆。按计划，第一阶段在海底安装4台1500千瓦发电机组，每台机组的转子直径长达16米。首台发电机于2016年投入运行。第二阶段的8台机组和第三阶段的49台机组在2018年开始安装。

■ 苏格兰梅伊潮汐电站等待安装的涡轮发电机

■ 梅伊潮汐电站的安装船

退潮发电

地处北美的潮汐电站——安纳波利斯（Annapolis）皇家电站，建在加拿大新斯科舍省安纳波利斯河河口的一个小岛上，临近芬迪湾。那里的潮汐平均高差为12米，最高可达16米。当潮汐退到电站水闸水池外时，形成落差，闸门控制水流以每秒400米^{3}的流量推动水轮机发电，随退潮节奏发电持续5个小时然后停机，每天重复两次。电站于1984年投入运行，年发电量3000万千瓦·时，向4500户家庭供电。

■ 加拿大安纳波利斯皇家电站

■ 拍打礁石的海浪

波浪起伏

引发海浪的原因可能是风、海底的地震或火山爆发、海床塌陷或滑坡、外部大气压力变化、海水密度分布不均、宇宙天体引力等各种内外作用。海浪会导致海啸、风暴潮和海洋内波等。风浪、涌浪和近岸波浪都是海浪的表现形式。海浪既具有动能又具有势能。

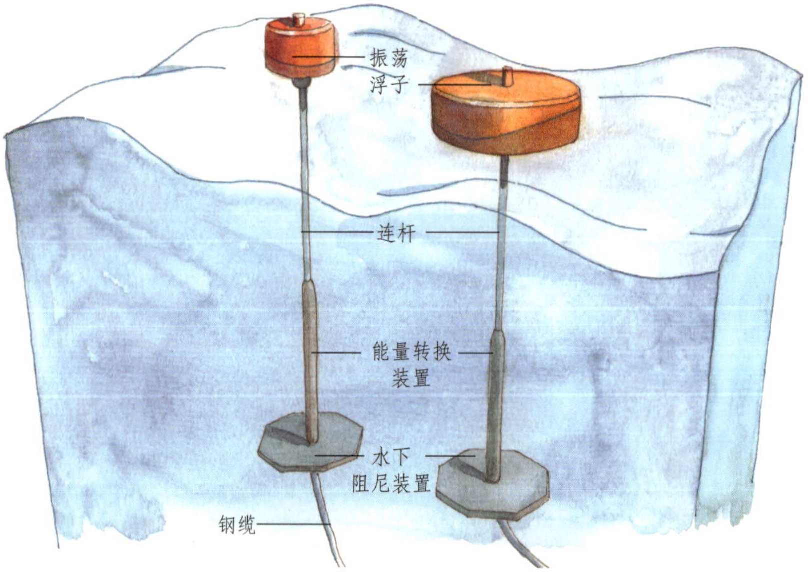

■ 海浪发电原理示意图

浪中有能量

用波浪能来发电，可以通过某种装置将波浪的能量转换为机械的、气压的或液压的能量，然后通过传动机构以及汽轮机或水轮机等驱动发电机发电。英国一家公司就设计出一种用橡胶制作的外形酷似蟒蛇的大型发电设备，蛇身是一条充满了淡水的管子，两端密封，漂浮在海面，尾端固定一个涡轮，每当海浪经过上方挤压水管时，管内产生一个“向外膨胀的波浪”，波浪传播到尾端时驱动发电机发电。

波浪能发电阵列

2016年1月，一套名叫“切托6号”（CETO 6）的装置被安装在澳大利亚西海岸外的海底，这个系统包括三个浸没的浮力制动器和水泵。CETO系统是世界上第一个具有商业规模的波浪能发电阵列，除了能够发电并网还可以淡化海水。当海洋波浪移动浮力制动器，从而激活水泵，推动加压之后的水流驱动动力涡轮机发电。CETO 6是在CETO 5的基础上的一次技术更新，浮力制动器的直径增加到20米，功率也从240千瓦提升到1000千瓦。

■ 安置在海底的“切托6号”装置

“万山号”波浪能发电装置

2015年11月，一艘名叫“万山号”的鹰式波浪能发电装置，被放入了中国珠海市万山岛海域。这个装置可以像船舶一样漂浮在海面，也可以下潜到一定深度，在0.4米和4米等不同波况下发电，通过海底电缆向海岛供电。中国海岸线很长，海浪资源丰富，“万山号”仅仅是近年来进行的海浪发电试验装置之一。按科学家的估算，沿能流密度较高的海岸线，平均每1米海浪就蕴藏着向20个家庭提供照明的能量。

■ “万山号”波浪能发电装置

海流永动

海流，也叫洋流，是海水在几千千米甚至于全球范围内运动的一种运动形式。这种运动是连续的、定向的，其方向主要是水平的。引发洋流运动的原因除了风以外，还包括热盐效应造成海水密度分布不均匀等因素。洋流有暖流也有寒流，洋流会导致地球气候和海洋生物发生变化，对渔业、航海、军事和排污也具有一定的影响。海流具有的动能称为海流能。

■ 海下涌动的洋流

■ 洋流运动示意图

海流能发电

美国佛罗里达海湾是一个很好的发电场所，那里的海流速度大约是每秒1.5米。20世纪70年代，一位工程师在这里做过一个独特的海流发电试验，用一组降落伞组成的实验装置，将降落伞串联在环形的铰链绳上，然后套在轮船尾部的两个轮子上。当降落伞顺着海流方向时，海流撑开降落伞，向前运动。而在环形铰链绳的另一侧，绳子牵引着闭合的伞向船尾方向运动，使得这组降落伞带动船尾的发电机发电。

■ “降落伞式”海流发电试验

漂在海里的“风筝”

2014年，日本东芝公司和相关开发机构及企业合作，开展水下漂浮式海流水轮机系统的研发。这个系统有一个发电装置，每个装置上装有一对反向旋转的水轮机，洋流驱动水轮机转动发电。水轮机叶片直径达11米左右，利用海底线缆将装置锚定在海底，但漂浮在水深大约50米的位置，看上去就像漂在海里的一个风筝。

2017年8月，该发电装置在日本鹿儿岛县口之岛海域下水试验，每组单元的输出功率约为1000千瓦。

■ 漂浮在海水中的海流水轮机

■ 达松瓦尔

达松瓦尔设想

1881年9月，法国生物物理学家达松瓦尔（Jacques-Arsène d'Arsonval）提出一个设想：能不能利用海水温度的差异来进行发电？海洋像一个巨大的吸收太阳辐射的“储热库”，太阳照射到海洋的能量巨大，可太阳辐射无法穿透到400米以下的海水，海洋表层与水下500米深层的温差超过20摄氏度，这一温差蕴藏着能量叫海水温差能或海洋热能。1930年，达松瓦尔的学生依据老师的设想在古巴建造了一个海水温差发电站。

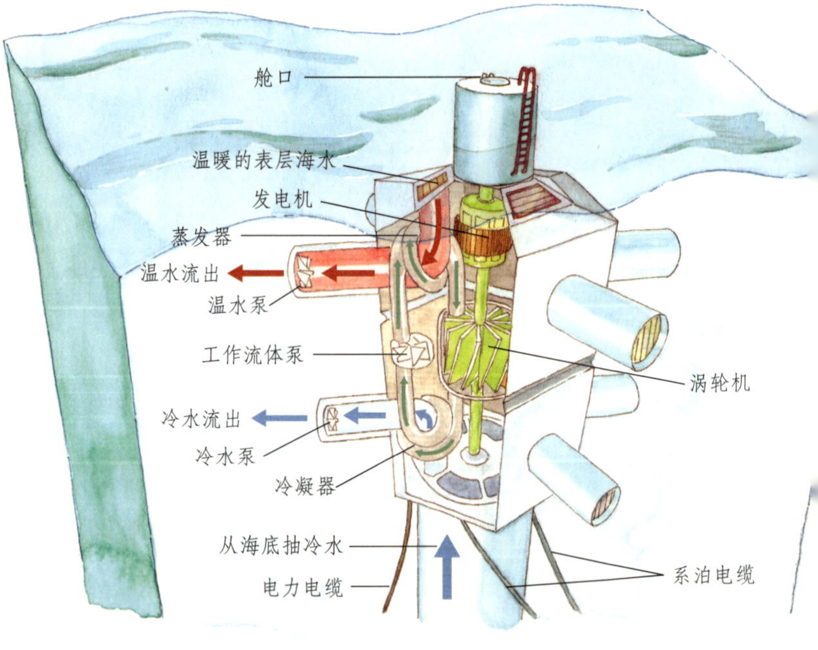

■ 闭式循环海洋热能转换示意图

海洋热能转换

用海水温差能发电，原理就是利用较寒冷的深层海水和较温暖的表层海水之间的温差，产生高压气体来驱动涡轮机做功，也叫海洋热能转换（Ocean Thermal Energy Conversion, OTEC）。它的工作原理是利用表层温暖的海水，加热氨水（工作流体）或其他低沸点液体，以生产蒸汽推动涡轮，驱动发电机发电。用过的气体经深层冷水冷却变回液态氨，压缩后重新循环。OTEC系统不但能发电，也可用于海水淡化、制氢和海产养殖。

热能转换发电船

1979年，在美国夏威夷凯阿霍莱角附近的海面，曾经有过一次代号叫“Mini-OTEC”的海上发电试验。发电在一艘船上进行，船由海军驳船改装，深层海水与表面海水的温差为21～23摄氏度，采用闭式循环发电系统，工作液体即工质是氨，在闭合回路中反复进行蒸发、膨胀、冷凝，冷水管长663米，管外径约60厘米。这个试验运行了3个月，成为OTEC发展史上的一个亮点。

■ Mini-OTEC试验船

海洋温差能发电站

世界各国科学家对OTEC的研究开发从来没有停止过。2013年，日本冲绳久米岛50千瓦OTEC发电站示范工程开始运行。示范工程的用途是展示如何降低能源生产对环境的影响，实现海岛的低碳化社会。同年，美国马凯（Makai）海洋能源研究中心在位于夏威夷的“自然能源实验室”内，建造了一个100千瓦的OTEC示范发电站，主要用于OTEC系统热交换器、涡轮机及系统控制，以及海洋腐蚀方面的研究。

■ 日本冲绳久米岛OTEC发电站

海水和淡水

海水是咸的，海水的含盐度是3.5%。河水是淡的。咸的海水和淡的河水之间就有盐度的差异，这种现象在江河的入海口特别明显。再来看看两种水体的密度：淡水的密度是1，而海水的密度是1.02～1.07，高于淡水。导致这种差异的原因除了深度（压力）和温度以外还有盐度。这种密度上的差异，使得海水有渗透淡水的压力。1954年，英国工程师帕特尔（R. E. Pattle）提出了利用这种压力来发电的设想。

■ 来自海洋的咸水和来自河流的淡水的交接处

盐度渗透发电

直到1973年以色列的洛布（Loeb）教授发明了利用压力盐差渗透发电的方法后，帕特尔的想法才得以验证和实现。洛布教授的方法是将一层半渗透的薄膜放在两种盐度不同的海水之间，这样就会出现海水从盐度低的一侧穿过薄膜向盐度高的一侧渗透的现象，最后高盐度海水被慢慢稀释，薄膜两侧海水的盐度相等。盐差渗透发电就是利用两种不同盐度的海水之间的渗透压差，将盐差能转换为电能。

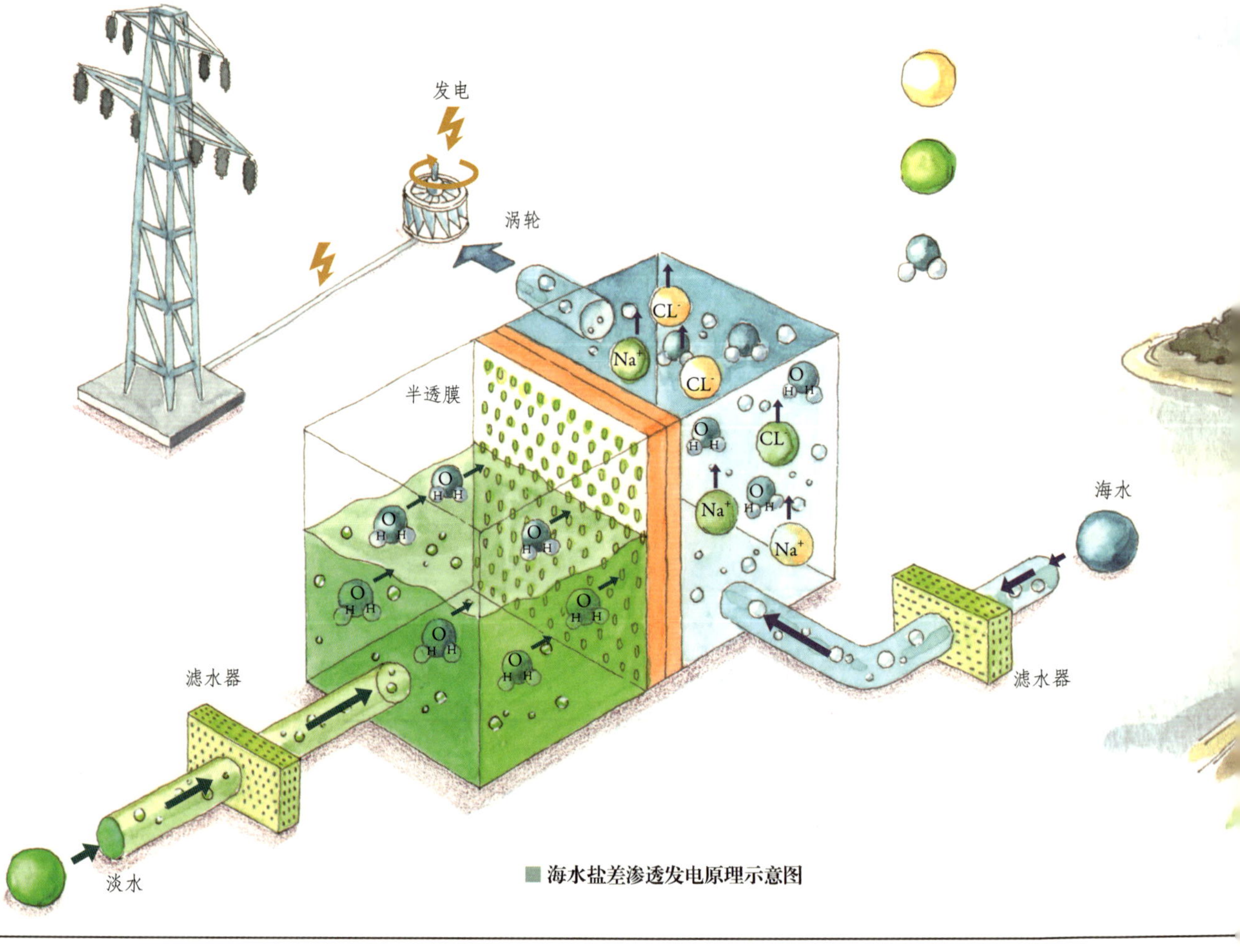

■ 海水盐差渗透发电原理示意图

■挪威“渗透力原型”发电厂

海洋盐差能发电厂

挪威国营能源公司建造了世界第一座渗透压力盐差能发电厂。该发电厂位于挪威布斯克吕郡托夫特村，2009年11月投入试运行，发电厂装机容量为5千瓦。这个发电厂的原理是通过半渗透膜输送水分产生“渗透能”，当渗透压力增加时，驱动水轮机带动发电机发出电力。

■荷兰阿夫鲁戴克大坝

艾瑟湖和瓦登海

2014年，荷兰第一家海洋盐差能试验电厂就建在阿夫鲁戴克大坝的中段，大坝东南面的艾瑟湖是一座人工淡水湖，西北面是盐度很高的瓦登海。电厂建成后，艾瑟湖水穿过电厂安装的半渗透膜与瓦登海水接触，产生的渗透压引发淡水不断流入海水，水流推动水轮发电机发电。在荷兰，平均每秒就有超过3300米^{3}的淡水流入海中，仅仅在阿夫鲁戴克大坝海域，盐差能发电就可以满足50万户家庭的用电需求。

大地的热量

除了头顶的太阳能给万物带来热量，脚下的地球也蕴藏着巨大的热量。展开时间跨度看，45亿年前积累的热能穿过地球厚重壳体推动外层，堆砌了山峰，引发了火山喷发和地震，重新排列地表的模样。透过地表往中心看，地球内部构造产生的这些热量封闭在岩体深处，时间越久，积累越多。储存在地球表面以下的地下水，通过岩体裂缝往深处渗透和流动，最后与岩体深处的热量相遇，就变成了温度很高的热水或者蒸汽。一旦碰到地表发生连通断裂，热水和蒸汽就会往地表涌，这些水和汽蕴含的能量就叫地热能。作为一种可再生能源，地热能可用于发电、采暖、康复医疗、动物养殖、温室种植、水源供应和矿物质提取等。

地热种菜

地热可以给牛栏、猪圈、鸟房和鱼池供暖，也可用来种植蔬菜和水果。位于美国俄勒冈南部克拉玛斯盆地的一家蔬菜种植公司借助本地区丰富的地热资源，采用地热发电为大约6000平方米的温室供暖。这家公司不论春夏秋冬，全年向市场供应西兰花、大头菜、红甘蓝、甜菜、芫荽、卷曲水芹和芝麻菜等微型有机蔬菜。

■ 享受温泉的长野雪猴

■ 地热温室也可种植西红柿

长野温泉猴

日本长野“地狱谷野猿公苑”里面的雪猴，恐怕是世界上最会享受的灵长类动物，每到冬天，它们就成群结队地泡在公园的温泉里。长野温泉的水就是靠来自地球深处的热能维持着温度，冬天的山谷里雾气腾腾。世界上绝大多数天然温泉都是因为地下热源而存在着，流动着的泉水在压力作用下，穿过岩石中伸长的缝隙，源源不绝地涌上地面。

温暖的源泉

温泉是一种最常见的地热资源，世界上已知最古老的石头温泉水池，建造在秦代时期中国的骊山，时间大约是公元前3世纪。后来唐代著名的帝王温泉别宫“华清池”也修筑在那一带。由于温泉水含有对人体健康有益的微量元素，用温泉水洗浴对风湿、痛风、皮肤病、关节炎等慢性病的治疗效果可能优于某些药物治疗，因此，温泉胜地成为人们冬季出门度假的选择之一。

■ 地热现象

地下热资源

地热资源蕴藏在地球内部，地球内部含有的放射性元素衰变导致地热产生。地热产生的能量会使得地表构造板块发生移动，大陆板块分开或重新组合。地热资源分布不平衡，主要分布在板块生长、开裂、碰撞、衰亡和消减地带，从美国阿拉斯加、加利福尼亚到墨西哥、智利，从新西兰、印度尼西亚、菲律宾到中国沿海和日本，就是一条“环太平洋地热带”。位于冰岛西南部的蓝湖温泉，是世界著名的地热温泉之一。

■ 冰岛蓝湖温泉

地球的内部

地球由里到外依次是地核、地幔、地壳，看上去就像一层又一层的同心圆体。地核由铁镍合金构成，中心压力可达350万个大气压，温度高达6000摄氏度。地幔介于地表和地核之间，厚度近2900千米，是地球内部体积最大、质量最重的一层同心圆，压力为50万～150万个大气压，温度为1000～3000摄氏度。地壳由岩石构成，平均厚度约17千米，从地壳到地核，温度随深度的增加而增加，平均深度每深入1千米，温度就上升30摄氏度。

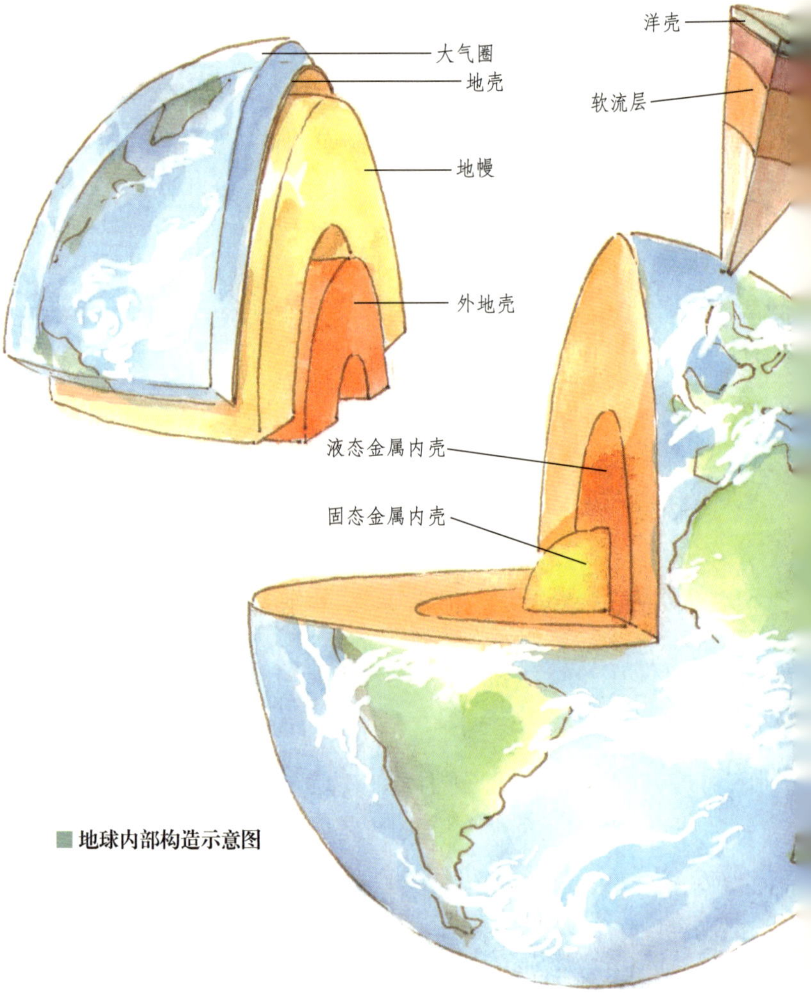

■地球内部构造示意图

岩浆型地热

火山就是典型的岩浆型地热资源。从地壳往地核方向100～150千米深处有一个液态区，这个区域内的物质是一种高温、高压下的熔融状硅酸盐物质，叫岩浆。岩浆的温度一般为700～1300摄氏度。虽然许多国家科学家对岩浆热能的提取做了大量试验，比如冰岛在熔岩流表面设置热交换器，用来回收由表面渗水产生的蒸汽，将它们用于采暖，但直接开发利用岩浆型地热资源仍然还有很多技术上的困难。

■火山及其岩浆

■ 地下冒上来的热蒸汽

蒸汽型地热

蒸汽型地热大多有个明显的现象，就是很远能看见从地面冒出来的一股白气，就像蒸煮食物揭开锅盖后大量蒸汽飘出的情景。地热蒸汽的绝大部分来源于地热水的沸腾汽化，这一类的地热已开发用于发电。发电前把蒸汽中的岩屑和水滴分离出去，然后把干蒸汽直接引入汽轮发电机组发电。这种地热发电方式较为简单，唯一的问题是干蒸汽地热资源比较有限。

热水型地热

热水型地热最典型的例子就是温泉，这一类的地热也可以用来发电，目前世界上比较成熟的闪蒸型发电系统和双循环型发电系统所利用的资源都是热水型地热。闪蒸型发电系统将高压热水从较深的地面抽出，灌入低压容器中快速形成蒸汽，驱动汽轮机工作，温度要求达到180摄氏度以上。双循环型发电系统是当前地热发电站最通用的类型。该系统将地热水引出后流经热交换器，热水因低沸点的工作流体导致沸腾，产生蒸汽驱动汽轮机工作。

■ 地热水域

最初的尝试

进入20世纪后，随着能源需求的增长，怎样用地热发电开始受到关注，1904年7月4日，意大利康蒂王子（Piero Conti）在托斯卡纳的拉德雷罗首次尝试用地热发电，对从当地气田提取到的干蒸汽做了酸碱萃取的化学分离，最后驱动552瓦小型发电机成功点亮了4只灯泡。1911年，第一座用于商业的地热发电厂在当地建造，直到1958年新西兰修建了一座地热电厂之前，意大利拉德雷罗地热电厂始终是世界上唯一的地热电厂。

■康蒂王子和他的试验装置

地热采集器
（置于地下80～160厘米处）

向城市供暖

除了发电，地热还能直接用来采暖、供热和供应热水。位于北美和欧亚构造板块的边界地带的冰岛，地热资源极为丰富。早在1928年，冰岛首都雷克雅未克就建成了世界上第一个地热供热系统，整个首都地区50多个地热井，加上来自首都北边地热区的热水，进入住户的水温有75～80摄氏度。没有烟囱的冰岛首都被誉为“世界上最清洁无烟的城市”。

■全城地热供暖的冰岛首都雷克雅未克

地热发电

地热发电和火力发电、核能发电相似，都是通过蒸汽推动汽轮机转动再带动发电机发电，不一样的是，地热本身就是蒸汽。除了闪蒸型和双循环型外，还有一种全流循环型发电系统，可以将地下抽上来的带有一定压力的汽水混合物直接流经喷管产生高速蒸汽流，驱动汽轮机做功。除了地下的蒸汽和热水外，还有一种叫干热岩的物质也曾被科学家考虑用来发电，这种热岩体深藏地下2000～6000米处，温度高达150～650摄氏度。

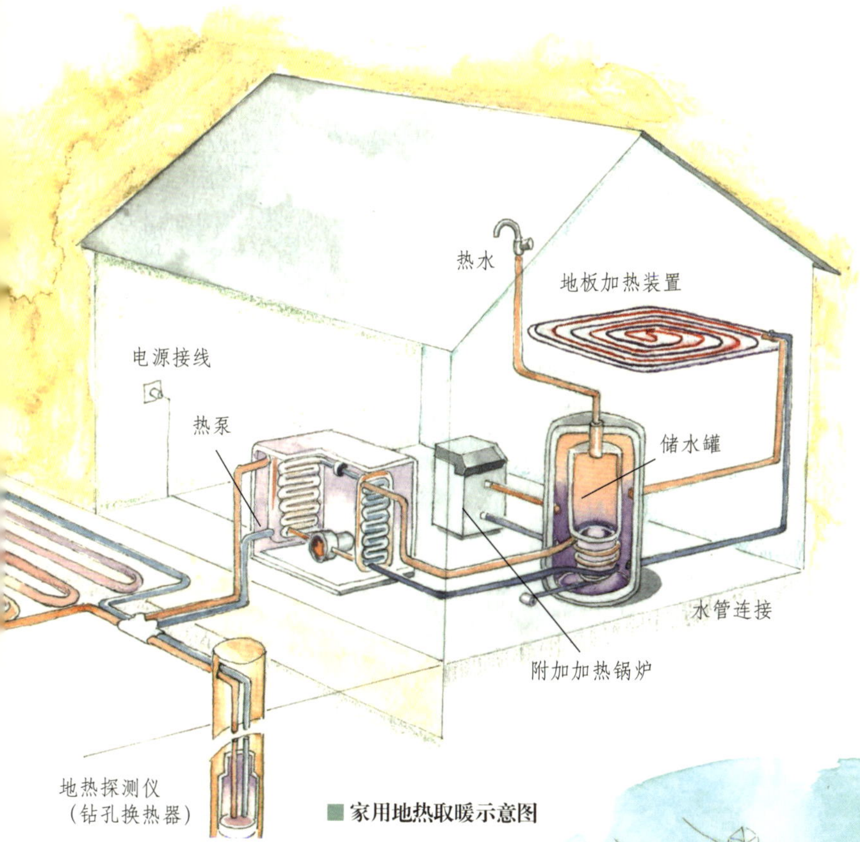

■ 家用地热取暖示意图

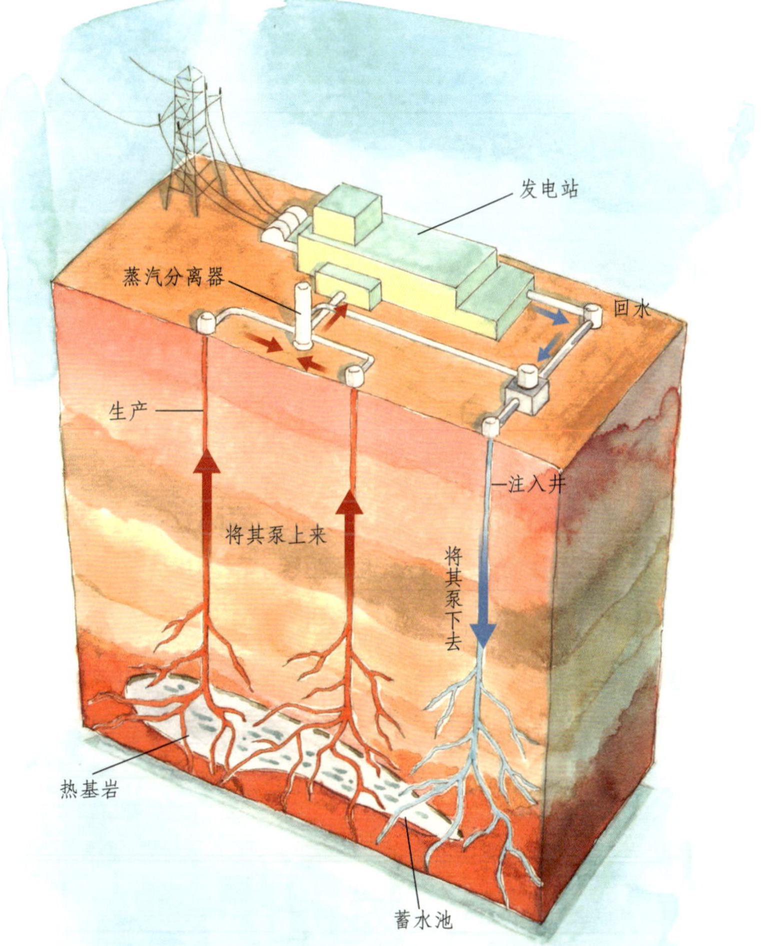

■ 地热发电原理示意图

■日本松川地热电站

松川地热电站

位于日本岩手县八幡平市的松川地热电站，是日本第一家商用地热发电站。1952年在松川奥羽山脉松尾矿山发现了地热蒸汽的岩石裂隙，松川地热发电就被列入开发计划，1966年电站建成，额定输出功率2.35万千瓦。除了发电，电站还将用过的热水供应给当地农户用作温室种植。日本境内约有100座活火山，地热资源储量位居世界第三，换算成发电能力超过2000万千瓦，其地热能发电量几乎是风能发电的2倍、太阳能发电的3倍。

盖瑟斯地热田

盖瑟斯地热田位于美国加利福尼亚海岸山脉地质构造区，距旧金山116千米。整个地热田共有350口热井、22座地热发电站，占地78平方千米。盖瑟斯第一座私人电站建于1921年，发电功率250千瓦。1960年，第一座1.1万千瓦电站正式投入商业使用。盖瑟斯地热田所有电站都属于干热蒸汽型，蒸汽被直接用来发电，整个地热田的装机容量是151.7万千瓦。

■美国盖瑟斯地热田

■ 冰岛奈斯亚威里尔地热发电厂

奈斯亚威里尔地热发电厂

奈斯亚威里尔地热发电厂是冰岛第二大地热发电厂。对该地区地热资源的评估从1947年就开始进行了，从1965年到1986年对这个地区的研究又重新开始并一直持续，最终发电厂于1987年动工，1990年完工，集发电和热水生产的功能于一身。它位于冰岛西南方，高出海平面177米。冰岛首都雷克雅未克地区的部分热水供应就来自该发电厂，水量达到约1100升每秒，水温高达82～85摄氏度。

羊八井地热电站

中国第一座试验性地热电站建在西藏拉萨西北约90千米、海拔4300米的当雄县，名为羊八井地热电站。羊八井地热田非常适合地热开发，当年勘探取样时钻机打到地下5～6米，就获得了103摄氏度的高温热水。电站的设计采用了闪蒸型发电系统，直接利用地下热水所产生的蒸汽来推动汽轮机做功。1977年，该电站1号机组投入试运行。截至1982年底，共有3台机组投运，电站实现了与拉萨电网并网运行。

■ 中国羊八井地热电站

生物质的能量

■ 干草

从人类最早发现沼泽地里冒出来的气体可以燃烧这一自然现象，到今天全球各地许多加油站开始提供乙醇汽油这一社会现象，不难发现它们有一个共同的特性：以生物质为载体，通过绿色植物的光合作用等过程，可以把储存在生物质中的能量转化为固态、液态或气态燃料。

科学家发现，通过压块细密成型技术可以将生物质压缩成高密度的固体燃料，或者通过热化学转换技术也可以将固体生物质转换成可燃气体、焦油，或者通过生物化学转换技术还可以将生物质在微生物的发酵作用下转换成沼气和酒精。总之，这种潜力蕴藏在植物、动物和微生物等可以生长的有机物中，源源不断，无穷无尽。

■ 生物质来源示意图

生物质能

生物质是通过光合作用而形成的各种有机体，包括所有的动植物和微生物，生物质能是太阳能以化学能形式储存在生物质中的能量，林业生物质、农业生物质、有机废水、城市垃圾、各种粪便类、水生的植物和能源植物等都具有这种能量。生物质资源丰富，地球的陆地每年可生产1000亿～1250亿吨的生物质，海洋每年可生产500亿吨生物质，这两者的总和远远超过全世界总能源的需求量，相当于世界总能耗的10倍。

■稻壳

■木屑等边角余料

■玉米芯

■秸秆

农业生物质资源

来自田野的农业生物质资源和人类农业生产关系密切，在农业产品的收获和加工过程中会产生大量的废弃物，遗留在农田里的农作物秸秆，以及农产品加工业中产生的稻壳和麦壳等，玉米芯、甘蔗渣、甜菜渣等果壳、果核类都属于这类废弃物。这些废弃物和藻类、海草、芦苇、浮萍、水葫芦等水生植物，以及棉籽、芝麻、花生等油料作物都可以转化为常规的固态、液态和气态燃料，都属于农业生物质资源。

林业生物质资源

来自林间的生物质资源遍布森林生长和林业生产过程中，这一类资源主要包括薪炭林、在森林抚育和间伐作业中的零散木材、残留的树枝、树叶和木屑等，以及木材采运和加工过程中的枝丫、锯末、木屑、梢头、板皮和截头等，林业副产品中诸如果壳和果核等废弃物也属于林业生物质资源。在中国农村薪炭林在能源使用中占有重要地位，特别是在丘陵、山区、林区，占到生活用能的50%以上。

■部分生物质来自森林

有机废水

有机废水主要包括生活污水、工业废水以及存留的天然降水，它也是生物质能较为重要的来源。生活污水主要来自城镇居民生活、商业和服务业的各种排水，如厨房排水、粪便污水、盥洗排水、洗衣排水、洗浴排水、冷却水等，这类污水含有无毒的无机盐类、有机物类和病原微生物等。工业有机废水主要是食品、酿酒、制糖、制药、造纸及屠宰等行业生产过程中排出的废水等，这些废水中都富含有机物。

■ 排水管中的雨水

垃圾分类

垃圾分类指按一定标准将垃圾分类储存、分类投放和分类搬运使垃圾转变成公共资源，物尽其用。分类后的餐厨垃圾经过处理加工可成为生物质能源的资源，这一类垃圾里有机物是主要的组成部分，易降解有机物的含量也高，可用于堆肥、发电、合成气原料等。经过生物技术处理，每吨餐厨垃圾中的食品类废弃物可以制成0.3吨有机肥料。2014年11月，英国第一辆以人类排泄物和餐厨垃圾处理后产生的生物气体作为动力燃料的公共汽车面世。

■ 收集生活垃圾的垃圾桶

粪便和沼气

牲畜、家禽和人的粪便都是重要的生物质能源。比如牛粪是很好的有机肥，可用来育苗或种植，也可晒干当燃料，还可发酵制沼气，实际上，牲畜、家禽及人的粪便都能作为沼气的发酵原料。沼气是生物或者细胞在空气隔绝的情况下，经过微生物的发酵作用而生成的一种混合气体，主要成分是甲烷，是一种可燃气体，俗称瓦斯。人为地将人畜粪便、动植物遗体等有机物质投入沼气发酵池中，经过多种微生物作用而产生的气体就是人工沼气。

■ 家禽粪便

■ 生活在水中的藻类植物

藻类植物

很少有人知道生活在水体中的藻类植物也是未来理想的生物质燃料。作为一种具有叶绿素、能进行光合作用、能自养型生活的无根茎叶分化、无维管束、无胚的叶状体植物，藻类植物制成的生物质燃料虽然经济性不够理想，但随着石油价格的不断上涨，以及海藻可以提取出高附加值产品，这种情况将有所改变。研究验证，由海藻所制成的燃料，其燃烧效率比油菜籽等经济作物要高，且对种植环境要求更低、适应性更强。

生物质燃料

作为替代常规化石能源的一种洁净低碳可再生能源，生物质燃料的出现对有效缓解能源紧张，治理有机废弃物污染，保护生态环境具有重要意义。当秸秆、稻壳、木屑等农林废弃物经过粉碎加工成型后，截面变成30～40毫米、长度变成10～100毫米，用作燃料。密度大的特点使其加工转换，储存、运输也变得更简单。而热值高、燃烧充分、无烟无味等特点则使其更适于为工业产品加工和日常生活提供热水和取暖。

■ 生物质成型物

■ 上海老港再生能源利用中心

老港再生能源利用中心

2013年，上海老港再生能源利用中心一期工程顺利投运，日焚烧处理生活垃圾可达3000吨，2016年末，该中心的二期工程项目开工，2019年6月完工投产。在这座再生能源利用中心，生活垃圾经过焚烧处理后可减量85%，炉渣100%被制成建筑材料后再次利用。在这里，垃圾焚烧不但可以处置更多垃圾，产生的热能还能通过余热锅炉生成蒸汽，推动汽轮发电机组运转发电，甚至还可以对外供热。

液体生物燃料

生物燃料是一种由生物体组成或转化的固体、液体或气体燃料。燃料乙醇、生物柴油和航空生物燃料等都属于用于交通工具的液体生物燃料。生物燃料是一种便于储存和运输的可再生能源，未来有望替代石油类燃料。用葵花籽经过提炼和加工制成的生物柴油已经用于城市的公共交通工具。这类生物燃料可供提取的物质种类来源很多，包括玉米、黄豆、亚麻籽、油菜籽、甘蔗、椰子油和厨余食用油等。

■ 生物类燃料在城市交通工具中的应用

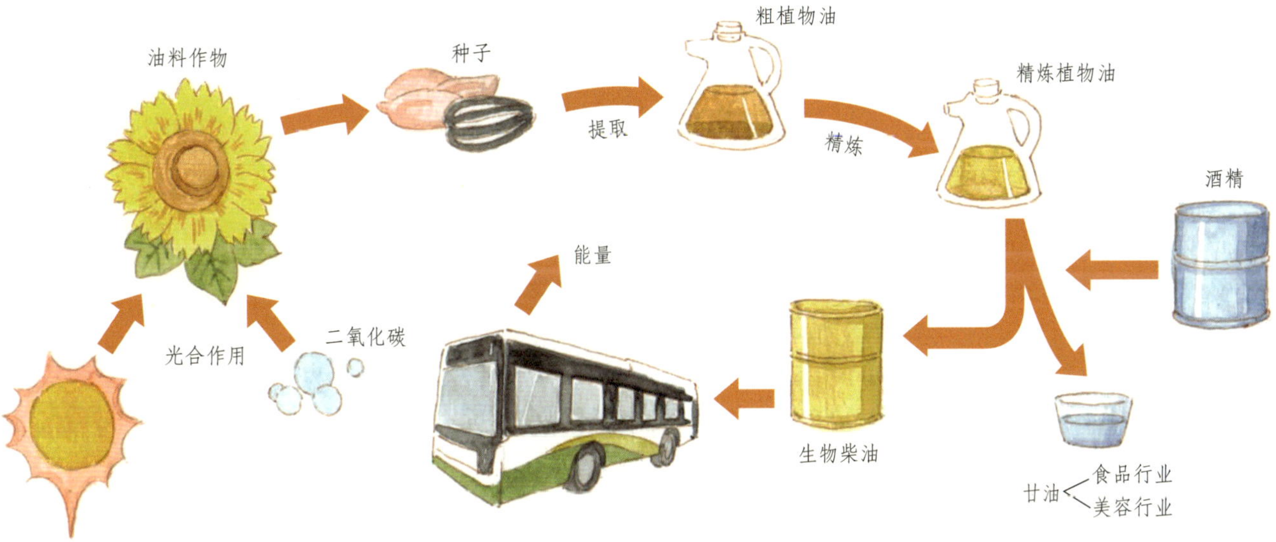

■ 生物柴油生态循环示意图

乙醇汽油

液体生物燃料乙醇俗称酒精，是用玉米、小麦等粮食和各种植物纤维作为原料，经过发酵等一系列的工序而制成的化工用品。将乙醇和普通汽（柴）油按一定比例混配就制成了车用乙醇汽油。乙醇汽油与最为常用的无铅汽油相比，乙醇汽油可以减少积碳，降低温室气体排放量和汽油的化学毒性。

■ 生物燃料乙醇

■ 沼气发电厂储气罐外观

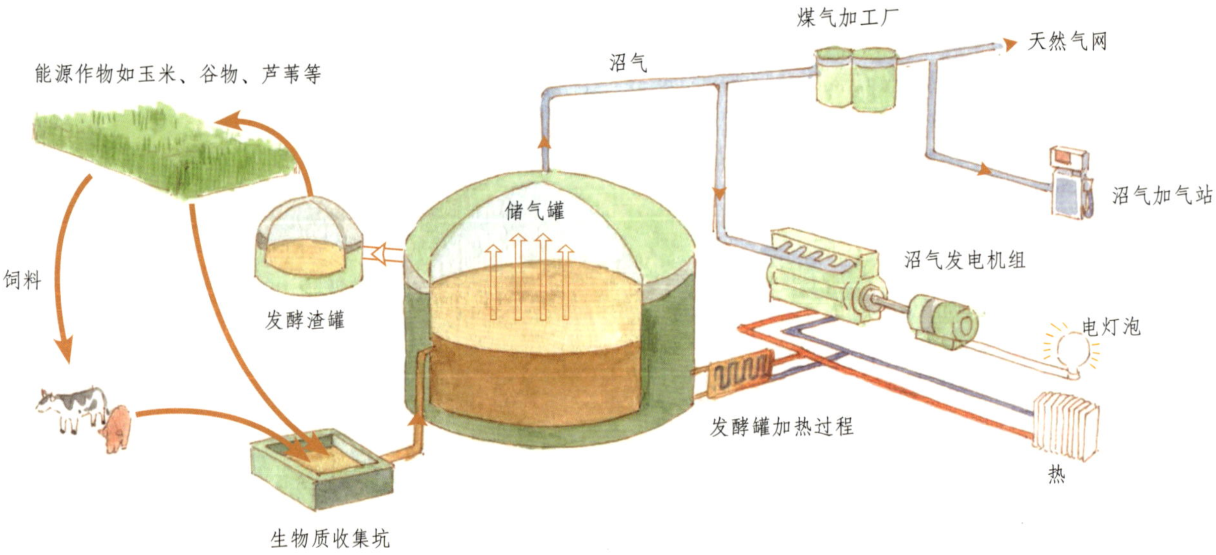

■ 沼气发电示意图

沼气发电

利用沼气驱动沼气发电机组生产电能，是一种环保节能的能源综合利用技术。例如，一家存栏2500头猪的大型猪场就可以建立一个2.16万米^{3}的沼气池，再安装一台300千瓦的沼气发电机组，每立方米沼气就可以发电1.6～1.8千瓦·时。每小时的耗气量约为15米^3，一天24小时为360米^3，而每天的发电量至少为576千瓦·时。这种技术特别适合于因输电较为困难而严重缺电，但生物质原材料相对丰富的山区、海岛、牧场等偏远地区。

垃圾发电

使用生活垃圾焚烧发电是近30年来开发出的一项新技术。垃圾发电一般可分为垃圾焚烧发电和垃圾填埋气发电两大类。相对于垃圾填埋气发电，垃圾焚烧发电既可以节省大量土地资源，也可以减少二次污染，还可以把生物质能成功地转化成电能，已成为一些发达国家垃圾处理的主要方式。据统计，欧洲生活垃圾焚烧发电持续发展，2001～2015年间的垃圾处理能力就从5284万吨/年上升到9060万吨/年。

■ 用于垃圾发电的生活垃圾

生物质发电

除沼气发电、垃圾发电外，生物质还可以直接燃烧发电、与煤混合燃烧发电、在气化炉中转化为气体燃料来燃烧发电。20世纪90年代以来，各国都开始发展生物质发电。2005年中国首个投产发电的国家级生物质发电示范工程国能单县生物质发电项目在山东建成，年消耗农林废弃物15万～20万吨，发电量约为1.6亿千瓦·时。2011年世界最大生物质发电厂——广东湛江生物质发电厂建成，通过燃烧桉树枝、桉树皮及农林废弃物，年发电量达6.5亿千瓦·时。

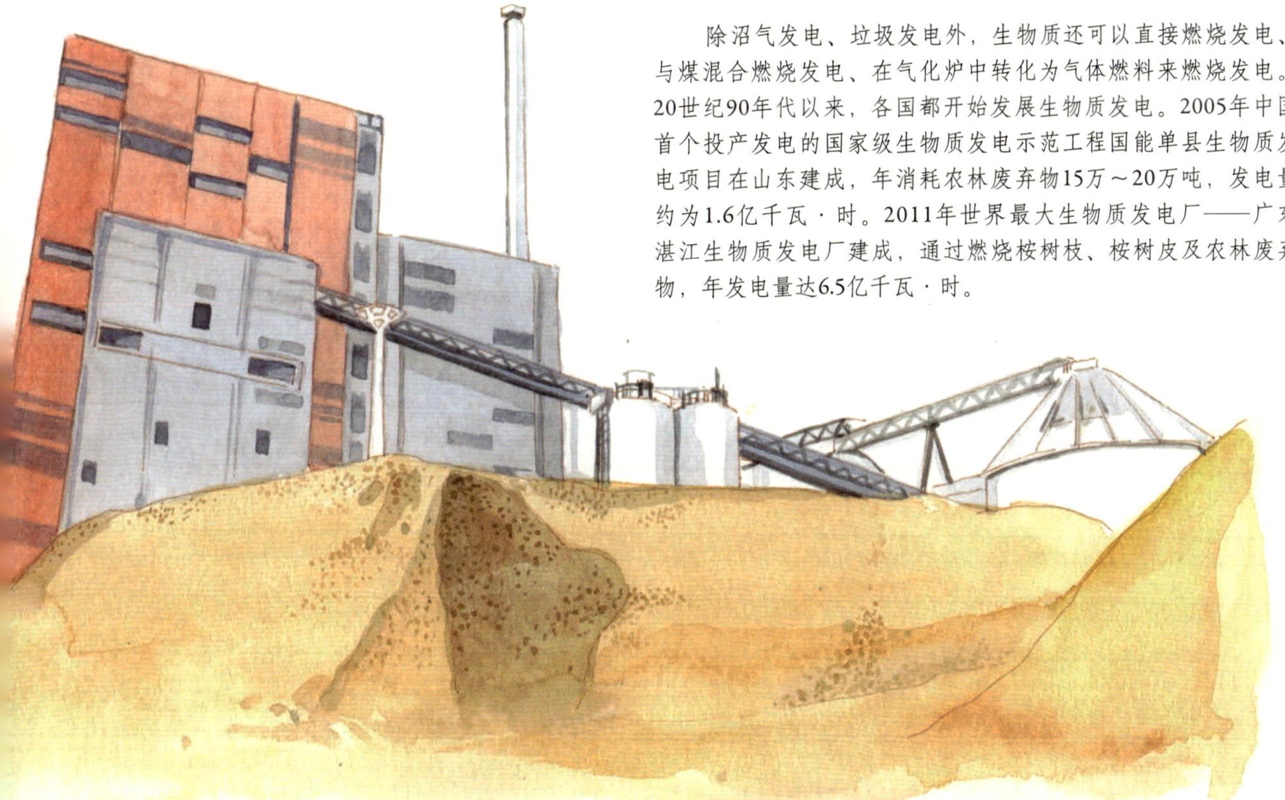

■ 生物质发电厂燃料堆场

名词解释

B

半导体， P08

在常温下导电性能介于导体与绝缘体之间的一种材料。

病原微生物， P48

一种可以侵犯人体，引起感染甚至传染病的微生物，或称病原体。病原体中，以细菌和病毒的危害性最大。

C

超级电容器， P23

介于传统电容器和充电电池之间的一种新型储能装置，它既具有电容器快速充放电的特性，同时又具有电池的储能特性。

D

大陆板块， P39

对海洋地质、海洋地貌和地球物理等资料进行分析后建立的一种新的大地构造理论。全世界被划分为亚欧板块、太平洋板块、美洲板块、非洲板块、印度洋板块和南极洲板块等六大板块。

大气环流， P17

某一大范围的地区，某一大气层次在一个长时期的大气运动的平均状态或某一个时段的大气运动的变化过程。

电磁辐射， P03

由空间共同移送的电能量和磁能量所组成，而该能量是由电荷移动所产生。

定日镜， P13

一种将太阳或其他天体的光线反射到固定方向的光学装置，又称定星镜。

E

二次污染， P53

当某些一次污染物，在自然条件的作用下，改变了原有性质，特别是那些反应性较强的物质，性质极不稳定，容易发生化学反应，而产生新的污染物，就叫出现二次污染。

F

发酵， P46，P49，P51

人们借助微生物在有氧或无氧条件下的生命活动来制备微生物菌体本身，或者直接代谢产物或次级代谢产物的过程。

放射性元素， P39

能够自发地从不稳定的原子核内部放出粒子或射线（如α射线、β射线、γ射线等），同时释放出能量，最终衰变形成稳定的元素而停止放射的元素。

飞轮储能， P23

一种机－电能量转换的储能装置，它利用电动机带动飞轮高速旋转，在需要的时候再用飞轮带动发电机发电。

辐射能， P04，P06

电磁波中电场能量和磁场能量的总和，也称为电磁波的能量。

G

干热岩， P43

一种没有水或蒸汽的热岩体，主要是各种变质岩或结晶岩类岩体。干热岩埋藏于距地下2000～6000米深处，温度为150～650摄氏度。

干蒸汽， P41，P42

饱和蒸汽实际上是水分子由液态转变为气态的临界值，饱和蒸汽由于温度或压力的改变，部分气态水分子转变为液态。蒸汽中携带了部分的水时就称其为“湿蒸汽”，完全气态水分子称为“干蒸汽”。

工质， P13，P35

一种实现热能和机械能相互转化的媒介物质，例如依靠工质在热机中的状态变化（如膨胀）获得功，而做功通过工质才能传递热。

光照度， P09

表示被摄主体表面单位面积上受到的光通量，单位是勒克斯（lx）。

H

海床， P30

海洋板块构成的地壳表面，它对陆地形态的演变及地质史有重要影响。

海水淡化， P06，P34

一种利用海水脱盐生产淡水，以实现水资源利用的开源增量技术。

海水密度，P30，P32

单位体积内海水的质量。海水密度一般在1.02～1.07之间，它的数值它取决于温度、盐度和压力(或深度)。

海洋内波，P30

一种重要的海水运动，它将海洋上层的能量传至深层，又把深层较冷的海水连同营养物带到较暖的浅层，促进生物的生息繁衍。

J

飓风，P16

大西洋和东太平洋地区强大而深厚（最大风速达32.7米/秒，风力为12级以上）的热带气旋，也泛指狂风和任何热带气旋以及风力达12级的任何大风。

L

轮毂，P21，P22

车辆的轮毂指轮胎内廓支撑轮胎的中心安装在轴上的金属部件。风力发电机的轮毂是风轮的组成部分之一。

N

能流，P31

指能量在生态系统中的流动过程。能量通过食物链和食物网逐级传递，太阳能是所有生命活动的能量来源，它通过绿色植物的光合作用进入生态系统，然后从绿色植物转移到各种消费者。

逆变器，P12，P25

一种把直流电能（电池、蓄电瓶）转变成定频定压或调频调压交流电（一般为220V，50Hz正弦波）的转换器。

R

热交换器，P35，P40

一种用来使热量从热流体传递到冷流体，以满足规定的工艺要求的装置，是对流传热及热传导的一种工业应用。

S

生物柴油，P51

由植物油（如菜籽油、大豆油、花生油、玉米油、棉籽油等）、动物油（如鱼油、猪油、牛油、羊油等）、废弃油脂或微生物油脂与甲醇或乙醇经酯转化而形成的脂肪酸甲酯或乙酯。生物柴油是典型的“绿色能源”。

输出功率，P33，P44

在电器不失真的前提下，能够长时间工作输出功率的最大值，也叫标称输出功率。输出功率=输入功率－无用功的功率。

酸碱萃取，P42

一种化学合成后达到提纯效果的分离技术，根据酸或碱不同的化学性质，经一系列的萃取过程后以达致提纯效果。

T

台风，P16

属于热带气旋的一种，是发生在热带或副热带洋面上的低压涡旋，是一种强大而深厚的热带天气系统。

X

薪炭林，P47

以提供柴炭燃料为主要经营项目的乔木林和灌木林。薪炭林多为易成活、萌生力强、速生、产量高、燃值大、能固氮、一材多用的硬材阔叶树种。

蓄电池，P11，P20，P25

将化学能直接转化成电能的一种装置，通常指铅酸蓄电池。

Y

有机蔬菜，P38

这种蔬菜在栽培和生长过程中，禁止使用任何化学合成的农药、化肥、生长调节剂等化学物质，以及基因工程生物及其产物。

Z

真空集热管，P07，P13

具有太阳选择性吸收涂层的内玻璃管和同轴的罩玻璃管构成的，内外管夹层之间抽成高真空的，用于收集太阳能热量以加热管内流体介质的装置，全称是“全玻璃真空太阳集热管”。

装机容量，P15，P25，P28

火力发电厂或水电站中全部汽轮或水力发电机组额定功率的总和，全称是“发电厂装机容量”。

内容索引